特权攻击向量

（第2版）

Privileged Attack Vectors

Building Effective Cyber-Defense Strategies to
Protect Organizations
Second Edition

—

[美] 莫雷·哈伯（Morey Haber）著

奇安信数据安全专班 译

姚磊 刘洪亮 审校

人民邮电出版社

北 京

图书在版编目（ＣＩＰ）数据

特权攻击向量：第2版／（美）莫雷·哈伯
(Morey Haber) 著；奇安信数据安全专班译. -- 北京：
人民邮电出版社，2024.7
ISBN 978-7-115-60663-1

Ⅰ. ①特… Ⅱ. ①莫… ②奇… Ⅲ. ①计算机网络－
网络安全－研究②计算机网络－访问控制－研究 Ⅳ.
①TP393

中国版本图书馆 CIP 数据核字(2022)第 236693 号

◆ 著　　　[美] 莫雷·哈伯（Morey Haber）
　　译　　　奇安信数据安全专班
　　审　校　姚　磊　刘洪亮
　　责任编辑　傅道坤
　　责任印制　王　郁　胡　南
◆ 人民邮电出版社出版发行　北京市丰台区成寿寺路 11 号
　　邮编　100164　电子邮件　315@ptpress.com.cn
　　网址　https://www.ptpress.com.cn
　　三河市中晟雅豪印务有限公司印刷
◆ 开本：720×960　1/16
　　印张：15.25　　　　　　　　2024 年 7 月第 1 版
　　字数：250 千字　　　　　　2024 年 7 月河北第 1 次印刷
　　著作权合同登记号　图字：01-2021-3941 号

定价：69.80 元
读者服务热线：**(010)81055410**　印装质量热线：**(010)81055316**
反盗版热线：**(010)81055315**
广告经营许可证：京东市监广登字 20170147 号

内 容 提 要

特权访问管理是一个包含网络安全策略和访问管理工具的解决方案，用于控制、监管和保护具有特权访问权限的用户。

本书针对特权访问相关的风险、攻击人员可以利用的技术，以及企业应该采用的最佳实践进行了解读。

本书分为 27 章，主要内容包括特权攻击向量、特权、凭证、攻击向量、无密码认证、提权、内部威胁和外部威胁、威胁狩猎、非结构化数据、特权监控、特权访问管理、PAM 架构、"打破玻璃"、工业控制系统和物联网、云、移动设备、勒索软件和特权、远程访问、安全的 DevOps、合规性、即时特权、零信任、特权访问管理用例、部署方面的考虑、实施特权账户管理、机器学习等知识。

本书适合希望了解和实施特权访问管理程序，并在这些程序中管理权限的 IT 运营、安全相关的管理和实施人员，以及审计人员阅读。

序

这年头，每当你阅读新闻文章或看晚间新闻时，几乎都能看到网络攻击事件。一家又一家公司成为网络攻击或数据丢失事故的受害者，而且在最近的 10 年，数据泄露事件出现的频率在不断上升。这样的新闻事件如此司空见惯，但大家对此几乎是置若罔闻。从我们的财务记录到喜好乃至基因档案，这些最隐私的数据随时都可供公众查看，对此我们已欣然接受。

问题是，在这个联系高度紧密的新世界，每个人都希望一切触手可及。我们希望能够躺在沙发上方便地购物，且在下单后几小时内商品就出现在家门口。我们希望只需单击鼠标，就可将午饭钱还给朋友或者在两个账户之间完成转账。我们在线完成银行业务、在线购物、在线聊天、在线玩游戏、在线完成数不胜数的其他活动。我们生活的各个方面与网络联系得日益紧密，与此同时，我们也交出了最宝贵的东西——隐私信息。

我们放弃的东西是如此宝贵，可用户大都不明白这一点。据 2020 年开展的一项研究估计，平均而言，每位网络用户的账户多达 207 个，其中 7 个专用于社交媒体平台，但普通用户根本不知道该采取什么措施来保护其账户。在最近的一次 SSO（常点登录）平台推广期间，我发现很多用户在保护其信息方面采取的唯一措施是将其孩子的名字用作密码。我甚至被问及为何要采取措施，黑客不是已经掌握了这一切吗？

问题是，我们怎么能够准确地知道信息将提供给哪家公司？更重要的是，这些公司又会将我们的信息给谁？我在 Google 查看某种产品或服务后再去 Amazon 购物时，常常会发现该产品或服务正在打折，这样的情况我都不记得发生了多少次。无论是我们在社交媒体上所做的讨论、我们的搜索历史记录，还是我们的购物习惯，都经常被用来改善我们的上网体验。

　　从企业的角度看，这是一种绝佳的商业模式。客户做了所有工作，还免费提供了所有的信息，好处却被企业捞走了。Google就是建立在这种商业模式之上的：根据客户的搜索习惯向其他企业提供有针对性的市场研究报告，并收取一定的费用。

　　对于与之打交道的公司，我们希望它们能够像保护我们自己那样精心保护我们的信息，但实际情况是，它们常常没有足够的资源来达成这样的目标。看起来每天都有新的攻击向量被发现，每天都有新的计算机病毒或恶意软件问世，每天都有黑客发布绕过公司防御性安全工具的新方法。为防范这样的攻击，公司常常需要将其来之不易的资源用于安装、配置和部署相关的工具。对公司来说，这些一连串的攻击就像是无底洞。

　　不幸的是，互联网的匿名性给无耻之徒提供了巨大的舞台，根据最近的估计，全球的网络犯罪带来的非法收益超过了1.5万亿美元，市面上几乎每种技术平台都成为某些人的牟利工具。经常有人给我电话，说我的汽车保修期已过，或者说我的计算机中存在的恶意活动，而他们可以帮助我修复这样的问题。类似这样的电话我每周都会接到至少5个。我在网上分享的每项个人信息，都被恶意地盗取，并用来伤害我。

　　可悲的是，很多组织都根本没有采取必要的措施来防止我们提供的信息被窃取或滥用。由于信息安全行业是从信息技术行业衍生而来的，因此存在重视物理系统和网络，而忽略用户和系统管理员的倾向。你可能认为，在当今的世界，信息安全专业人员远远地走在前面，但令人费解的是实际情况根本不是这样的。是因为工作太多、没有时间还是认识不足呢？我也不知道。但不管是什么原因，结果是一样的，那就是每个人的私有信息都处境危险。

　　如果你看过最近的数据泄露报告，就会发现全球很多数据泄露事故（80%～95%）都与账户被攻陷相关。要窃取信息，必须能够访问它。然而，令人惊讶的是，很多数据泄露都是因为IT管理员的凭证被攻陷导致的。

　　你可能认为，黑客是一些顽皮或叛逆的青少年，他们在地下室使用声音耦合调制解调器拨号并连接到北美防空司令部，进而引发了第三次世界大战，但这是很久以前的老皇历了。黑客也不会聚集在酒窖中，通过一个带有绿色屏幕的图形立方体攻入一家银行，并从政府的非法基金中盗走95亿美元。当今（2020年）的黑客更有可能是某种严密的组织，他们通过未经保护的供应链获得访问权并感染下游产品，还有可能是拥有不必要的信息访问权的公司员工。

如果你仔细研究这个问题，就会发现最新的攻击方法通常利用了管理特权。如果威胁行动者能够赋予用户不必要的权限或者在系统中新建一个账户，便可在不被系统管理员发现的情况下行事。在 2019 年，数据泄露事故被发现的时间平均为 206 天，这意味着在被公司发现前，黑客已有 6 个多月的时间来盗取想要的信息。这还不包含将黑客控制的账户都找出来并将其从系统中删除所需的时间。

在当今严重依赖于技术的环境中，为开展业务，必须合法地使用管理特权。然而，滥用特权的漏洞利用程序常常走在防范措施的前面。例如，很多遗留的应用程序还在被公司使用，它们不支持使用最新的认证方式来确保管理员是合法的。很多系统都未使用加密或其他用于保护管理员账户的方法来保护用户账户。更有甚者，有些管理员不想承担双因子认证带来的负担，也不想受到任何限制，因为他们认为这些负担或限制会妨碍他们在必要时为组织提供支持的能力。

当今的企业实际上由一系列复杂的技术、人员和流程组成，但企业无法确保所有这一切都始终是最新的，因此总是存在一些需要维护的东西，如旧的操作系统、自定义的应用程序或存在已久的流程。

在本书中，Morey 将帮助你搞明白特权账户面临的最新威胁，以及妥善地管理特权账户是如此重要的原因。本书提供了路线图，可帮助你明白如何防范攻击和横向移动，以及如何提高检测黑客活动和内部威胁的能力，进而降低它们带来的影响。世界上并不存在可确保你武装到牙齿，能够抵御任何攻击向量以及各个攻击阶段的灵丹妙药，但本书将使用必要的工具和策略将你武装起来，让你有机会赢得战斗。

David Tyburski

永利度假村（Wynn Resorts）信息安全副总裁兼首席信息安全官

关 于 作 者

莫雷·哈伯（**Morey Haber**），BeyondTrust 公司的首席技术官兼首席信息安全官。他在信息技术行业拥有 20 多年的工作经验，委托 Apress 出版了 3 本著作：*Privileged Attack Vectors*、*Asset Attack Vectors* 和 *Identity Attack Vectors*。2018年，Bomgar 收购了 BeyondTrust，并保留了 BeyondTrust 这个名称。2012 年，BeyondTrust 公司收购 eEye 数字安全公司后，Morey 随之加入 BeyondTrust 公司。目前，Morey 在 BeyondTrust
公司从事特权访问管理（PAM）和远程访问解决方案有关的工作。2004 年，Morey加入 eEye 公司，担任安全技术部门主管，负责财富 500 强企业的经营战略审议和漏洞管理架构。进入 eEye 之前，Morey 曾担任 CA 公司的开发经理，负责新产品测试以及跟进客户工作。Morey 最初被一家开发飞行训练模拟器的政府承包商聘用，担任产品可靠性及可维护工程师，并由此开始了自己的职业生涯。Morey 拥有纽约州立大学石溪分校电气工程专业理学学士学位。

关 于 译 者

奇安信数据安全专班，在国家数字化转型以及"数据要素"市场持续利好的背景下，奇安信集团战略布局数据安全市场，将提升数据安全领域核心竞争力和影响力设为"主攻专项"。为贯彻落实数据安全战略目标，聚焦以客户为中心的价值理念，2023 年初，奇安信集团深度整合公司内部及行业内的顶尖数据安全技术专家、一流资深顾问、专业的相关技术团队，正式成立奇安信数据安全专班。奇安信集团董事长齐向东以专班班长与专班委员会主任的身份亲自领导该专班。

奇安信数据安全专班在国内设立了多个研发分支机构，以加强数据安全前瞻性技术创新为核心，探索构建多层次的数据安全产品及技术服务体系，持续推出系列工具和方案，旨在帮助政企客户应对数字时代的数据安全难题，同时更好地基于能力框架进行数据安全体系建设，提升整体数据安全水平。此外，奇安信集团也积极将自身在数据安全领域的丰富经验贡献于国家与行业，迄今已先后深度参与十余项国家标准项目的编制工作，为国家的数据安全事业贡献力量。

关于技术审稿人

德雷克・史密斯（Derek Smith），网络安全、网络取
证、医疗信息技术、数据采集与监控（SCADA）安全、物
理安全、调查、组织领导力和培训方面的专家。他目前担
任联邦政府的信息技术主管，也在马里兰大学-大学学院分
校、弗吉尼亚科技大学担任网络安全副教授，同时经营着
一家小型网络安全培训公司和一家从事数字取证的私人调
查公司。迄今为止，Derek 已经出版了 3 本网络安全图书，
并为另一本图书撰写了其中一章。Derek 积极参加全美各地
举行的网络安全活动并发表演讲，同时作为几家公司的网络专家为其主持在线研
讨会。此前，Derek 曾在多家 IT 公司工作，其中包括计算机科学（Computer Sciences）
公司和博思艾伦咨询公司，Derek 还在几所大学讲授了 25 年之久的商业和 IT 课程。
Derek 在美国海军、空军、陆军总计服役 24 年。他获得了工商管理硕士、IT 信息
保障硕士、IT 项目管理硕士、数字取证硕士、教育学学士以及多个副学士学位。
目前，他正在法学院攻读行政法学博士学位，并完成了除博士论文之外的所有内容。

献辞

拥有健康幸福的生活是世界上任何人都应该拥有的特权。

致谢

感谢下面所列的人所做的贡献。

特约编辑：Matt Miller

产品管理：Brain Chappell

副 CTO：Christopher Hills

插图绘制人员：Angela Duggan、Hannah Reed、Greg Francendese

营销人员：Stacy Blaiss、Liz Drysdale

还要特别感谢 BeyondTrust 公司的首席产品官 Daniel DeRosa 在 PAM 策略和机器学习方面所做的贡献。

前　言

在量子力学中，"观察者效应"理论指出，对系统或事件进行观察或测量本身就会不可避免地改变观察/测量结果。换而言之，测量或观察工具或方法会给与之交互的系统或事件带来干扰。

就拿测量电路或电池的电压来说吧，电压表为完成计算，必须吸收非常小但可测量出来的电流，这将降低可供系统使用的电流（I）。如果测量是侵入式的或者电阻（R）不够大（欧姆定律指出，电压等于电流与电阻的乘积），可用电流和电压（V）都将受到影响。

虽然测量带来的影响通常可忽略不计，但被观察或使用的对象还是有可能发生变化。在有些情况下，由于测量本身的侵入程度比预期或最初设计的高得多，这些变化可能改变我们对整个系统的认知。这种效应在很多领域都存在，如物理领域、电子领域乃至数字营销领域。

在特权攻击向量领域，这个概念至关重要，因为与测量一样，一个特权账户用得越多、暴露得越严重或可供使用的时间越长，它给环境带来的风险就越大。下面深入介绍观察者效应在网络安全领域带来的影响以及确保特权安全的重要性。

网络安全领域的观察者效应

每项检查网络安全的措施都会影响整个系统。从简单的防病毒检查到日志使用的资源，该结论都成立。在执行安全措施的过程中，CPU 使用率、加载时间、内存使用率、网络流量等都可能发生变化。

理想情况下，安全措施带来的影响应该很小甚至没有，但这样的情况有多少呢？真的能够在环境中实现无摩擦、无影响的安全吗？答案可能让你吃惊，而其

中的原因主要是观察者效应。

前面说过，每项 IT 安全措施都会改变系统，它需要消耗资源，还可能改变环境的风险面。如果所有安全措施串行执行，每项都将向测量中添加一些信息，进而影响观察到的结果。消耗的资源是累积性的，这包括存储空间、认证时间、工作流程变更或加长、传输的数据量以及需要审计的数据。

然而，如果测量和逻辑决策是并行执行的（条件是系统有足够的资源来同时执行它们），就可缩短测量所需的时间，最大限度地降低用户感受到的影响，因为测量只在有限的时间内进行，而不是反复发生的。这就是并行处理。要实现无影响的安全（准确地说是影响很小或摩擦尽可能小的安全），安全测量和运行逻辑必须与常规进程并行地执行，且仅在需要时才执行。这与典型的测量相反。典型的测量可能是定期或批量进行的，而在两次测量之间的空隙，可能会发生异常或安全事故，如未经授权的远程会话。因此，除非对连接期间的所有日志进行并行处理，而不仅仅是检查会话是否处于活动状态，否则这些安全事故可能成为漏网之鱼。如果必须不间断地监控以确定是否有远程会话，而不是通过并行地检查触发器来确定有远程会话处于活动状态后再开始测量，显然将在资源消耗方面带来重大的影响。

因此，最好先建立基准，并在发生变化（无论导致变化的访问是不是经过授权的）后再进行网络安全测量。一种最佳安全实践是定期检查基准，对于静态资源，反复检查其某个方面无疑是在浪费资源。这也适用于漏洞管理：在资产没有发生任何变化的情况下，反复评估同样的漏洞无疑是浪费资源。为了最大限度地降低网络安全测量中的观察者效应，应在检测到变化后再进行测量，并审核所有的历史日志。对于特权账户，通过采用这种做法，可确保特权监控和管理的各个方面（从发现到会话监控）对用户的影响都很小，且不会导致前面描述的资源问题（即反复检查特权活动和特权账户的使用情况）。

下面介绍现实世界中两个与访问控制相关的网络安全场景。

场景 1

在对资源进行多因子或双因子认证前，安全工具必须在工作流程中引入对用户进行验证的额外步骤。除传统凭证外，还需使用另一个因子来对用户进行物理验证，即用户拥有某样东西，可帮助证明他被授权使用当前账户。然而，这不能证明用户的身份。身份证明是另一码事，这在 *Identity Attack Vectors* 一书中做了讨论。引入额外的步骤会消耗更多的时间和资源，还会让最终用户有丝丝不快。单点登录（SSO）技术可缓解这种不快，它只要求用户进行一次双因子认证就可访问一系列资源——因为用户已被视为可信的。

前面说过，首次发起双因子认证时，将启动对用户进行验证的工作流程，这样一来，用户后续再访问其他应用程序时将无须认证，而不会反复要求他们进行双因子认证。这样，单点登录进程将与用户的正常操作并行地运行，这比每次启动应用程序时都需要提供凭证（即便不进行双因子认证）带来的影响小。用户直接登录，而无须经过额外的挑战和响应过程。换而言之，尽管第一次使用了额外的步骤以侵入方式来检查用户是否可信，但这让后续的登录过程更加简单，因为第一次检查结果的可信度极高。登录将与后续的应用程序启动并行地进行，以便能够对活动进行审计。

另一种方法是，在最终用户启动每个应用程序时，都要求通过串行工作流程进行凭证或双因子认证，并根据策略要求进行多因子认证，这种方法的侵入性极高。这个场景表明，要打造无摩擦的安全环境，必须采用并行处理和简单的模型。测量仅在需要时进行，可最大限度地降低观察者效应。

场景 2

来看密码安全或密码保险箱技术中的密码存储功能。这些解决方案的企业版可自动轮换密码和证书（定期轮换或在使用后轮换），确保它们是不断变化的，即便被威胁行动者（无论是内部的还是外部的）知道也不会带来不利影响。密码用得越多、暴露得越严重或被记录到外部的次数越多，带来的风险越高。

用户或管理员在需要使用这些凭证时，典型的工作流程是向密码保险箱认证（但愿使用的是前面讨论的双因子认证），并获取执行特定任务所需的凭证。从工作流程的角度看，在用户需要特权凭证时进行认证并提供当前密码是侵入式的，因为需要执行额外的步骤才能获得密码。例如，为完成任务，用户需要更多地单击鼠标、花费更长的时间、使用额外的应用程序，这可能带来额外的风险——使用剪贴板将密码复制到内存中（复制并粘贴）或将密码写在纸张上。虽然可以将用户请求提供特权凭证的时间记录下来，但如果不能确定凭证是在什么时候、什么地方以及如何使用的，这几乎没有什么安全性可言。这种模型的影响非常大，它带来的观察者效应无论是从资源还是风险的角度看都是负面的，因此必须修改。

下面来看会话监控和管理，它让主机能够使用网关或代理技术来监控会话，并记录所有的安全和用户活动（这将在本书后面更详细地讨论）。会话管理本质上是一种影响较低的方法，用于监控特权会话发生时实际发生的情况，但它要求通过代理建立远程连接，而不能是横向连接（lateral connection）。也就是说，要执行会话监控，必须有一个中间人（如专用软件）将其发现的情况报告给代理或网关。

在没有合适的访问控制列表（ACL）的情况下，只需从保险箱获取密码就能实现远程访问，且会话不受监控。这是我们不希望看到的，因为这样一来不通过代理就能建立会话，从而使会话不受监控。通过将密码存储、检索和轮换与会话监控结合起来使用，可严密监控活动（详细到击键），并创建影响极低的会话管理实现。而且，如果整个工作流程能够根据账户或用户监控所有的活动和特权访问，那么观察者效应就不会成为影响特权账户管理模型成功的障碍。

仅使用密码存储解决方案时，密码检索工作流程可能受到干扰；而仅使用会话监控解决方案时，则容易受到横向移动等安全缺陷的影响。通过结合使用这两种解决方案，可打造出一个安全且几乎没有影响的通用的特权管理解决方案。

缓解网络安全领域的观察者效应

观察者效应是网络安全从业人员始终关注的一个问题。很多解决方案都可能给环境带来重大影响：带来不受欢迎的延迟、单点故障和变更，给用户、操作和工作效率带来负面影响。在最糟糕的情况下，这可让最佳的解决方案因用户抗拒而成为摆设。

安全测量和实施总是会有些影响，你的目标是尽可能让这种影响觉察不出来，尤其是对最终用户来说。虽然零影响是不可能的，但确保初始安装后影响很小还是完全有可能的。

在对一家或多家供应商的安全解决方案进行评估时，要问一下这些解决方案如何协同工作来打造零影响的环境。毕竟，如果它们都串行地运行或影响很大，不仅用户会拒绝使用，你也无法获得准确的网络安全指标，因为收集必要的数据需要占用大量资源。

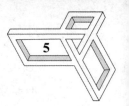

现实世界中的观察者效应

Verizon 每年都会发布《数据泄露调查报告》（Data Breach Investigations Report，DBIR），而 BeyondTrust 每年也会发布《特权访问威胁报告》（Privileged Access Threat Report，PATR）。这些报告提供了有关网络安全趋势、认知、网络攻击方法、数据泄露原因等方面的数据，对信息和安全技术专业人员来说极具价值。根据这两份报告，安全专业人员可就网络威胁（尤其是最危险的网络威胁——特权威胁）及最佳缓解策略做出进一步的推断。

最严重的特权威胁

2019 年 6 月，BeyondTrust 发布了《特权访问威胁报告》。该报告调查了来自美国、EMEA（欧洲、中东和非洲）和亚太地区各行各业的 1000 多名 IT 决策人员，询问他们对组织面临的威胁和特权攻击向量风险的认识，得到了一些值得注意的有关数据泄露和网络安全糟糕实践的数据。

- 大约 64%的调查对象认为，他们可能遭受了因员工访问导致的数据泄露，还有 58%的调查对象认为，他们可能遭受了因供应商访问导致的数据泄露。

- 大约 62%的调查对象担心员工基于以下糟糕的安全实践而无意间错误地处理敏感数据：

  ➢ 将密码写下来（60%）；

  ➢ 将数据下载到外部存储卡（60%）；

  ➢ 将文件发送到个人电子邮件账户（60%）；

  ➢ 将密码告诉同事（58%）；

  ➢ 通过不安全的 Wi-Fi 登录（57%）；

  ➢ 登录后不注销（56%）。

- 大约 71%的调查对象认为，如果对员工设备访问进行限制，公司将更安全。

那么，是哪些攻击向量导致了上面的观点和恐惧呢？

根据 Verizon 于 2020 年发布的《数据泄露调查报告》，使用窃取的凭证是攻击者用来攻击环境时的第二常用的方式，仅次于钓鱼攻击。另外，DBIR 还指出，超过 80% 的数据泄露都涉及暴力破解或使用遗失或窃取的凭证。

窃取的凭证最常用于邮件服务器，这将导致各种基于身份的攻击向量。可惜 Verizon 的报告没有指出窃取和使用凭证的方法，但这并不意味着我们不知道答案。

根据 PATR，有理由推断出超过 50% 的员工和供应商引发过数据泄露，而导致数据泄露的主要原因则是凭证和密码的网络安全卫生情况不佳。

综合 Verizon 和 BeyondTrust 提供的数据点可知，最常用的特权攻击向量有下面这些。因此它们对任何企业来说都是不可接受的风险。

- 密码猜测。

- 字典攻击或彩虹表攻击。

- 暴力攻击。

- 哈希传递（Pass the Hash，PtH）或其他内存刮擦技术。

- 安全问题社交工程。

- 以可预测的密码重置为基础的账户劫持。

- 特权漏洞和漏洞利用程序。

- 配置不当。

- 恶意软件，如击键记录器。

- 社交工程（钓鱼攻击等）。

- 使用弱 2FA 的 MFA 缺陷，如短信。

- 默认的系统或应用程序凭证。

- 匿名访问或来宾访问。

- 可预测的密码模式。

- 共享或未托管的过期凭证。

- 临时密码。

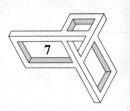

- 重用密码或凭证。

- 影子凭证或过期的（前员工使用的）凭证。

- 基于上述方法变种的各种混合凭证攻击（如喷洒攻击）。

这两份报告都得到了 Forrester 等分析公司的支持。据 Forrester 公司估计，超过 80% 的数据泄露都牵扯到特权凭证。

缓解特权攻击向量

那么问题来了，为了化解这些特权攻击向量，组织和用户能做些什么呢？

首先，考虑下面这些与凭证和密码管理相关的网络安全最佳实践。

- 应对所有特权账户（管理员账户和 root 账户）进行监控，确保其活动是恰当的，并根据角色和所有权进行适当的认证。

- 用户在执行日常的计算活动时，应始终使用标准用户账户，仅在绝对必要且合适的情况下才使用特权账户。

- 尽可能删除管理特权，最终用户、管理员、DevOps 流程和 RPA（机器人流程自动化）应遵循最小特权原则。

- 所有账户（不管是操作系统的还是应用程序的）的密码无论何时何地都应是唯一的。凭证轮换和管理应以策略为基础，并以监管合理性和其他最佳安全实践（如 NIST）为指导。

- 所有会话（无论是本地发起的还是远程发起的）都应遵循最佳实践，并尽可能地避免实施长期有效的特权账户。即时特权访问的概念可帮助实现这些最佳实践。

对很多组织来说，实现这些概念似乎令人生畏且无法实现，但这些目标是切实可行的，完全在你的能力范围内，只是必须制订正式的特权访问管理（PAM）计划。这种计划通常被称为 PAM 之旅。另外，当正确地实施 PAM 后，便可缓解前面的"最严重的"一节列出的威胁，最重要的是，还可以用无摩擦的方式来保护特权的安全。如果 PAM 之旅引入了影响资源或导致用户体验不佳的测量，它将以失败告终。

下面列出了成功的 PAM 之旅必须提供的功能，本书后面将详细地介绍它们。

● 密码管理：用于密码的轮换、检入和检出。

● 会话管理：记录所有的交互式会话以及添加索引和进行筛选。

● 终端特权管理：在包括 Windows、macOS、UNIX 和 Linux 在内的所有平台以及路由器、交换机、打印机和 IoT 设备等网络设备中，删除管理员或 root 用户特权。

● 安全的远程访问：根据角色（persona，如供应商或服务台人员）使用最小特权凭证建立会话，并获得与批准的操作员共享凭证。

● 目录桥接：合并 UNIX 和 Linux 等非 Windows 系统中的登录账户，让用户能够使用其活动目录凭证（而不是本地账户）进行认证，而不管其人格如何。

● 管理从 ICS 到 IoT 在内的下一代技术以及从 RPA 到 DevOps 在内的所有的自动化技术。

● 用户行为分析与报告：根据特权使用情况提供完整的证明报告和资质，并在发现不恰当的行为时发出警报。

● 在几乎所有的现代组织中，云、即时特权管理和零信任都扮演着重要的角色。在 PAM 之旅中，实现这些战术概念有助于确保特权管理带来的观察者效应不会影响部署。

● 在组织现有的生态系统中集成上述所有功能，为变更管理、工单解决方案、运行工作流程、身份治理及安全信息和事件管理器（SIEM）提供支持。

这些实践可确保特权凭证和密码能够抵御黑客攻击。另外，通过确保资源的凭证是唯一的，且只在有限的时间内拥有执行授权的操作所需的最小特权，可使得它们即便被破解，也可缓解利用它们带来的风险和破坏。最小特权原则的一个要点是，降低标准用户使用的凭证的特权，从而使得威胁行动者很难使用特权攻击向量（窃取的凭证）发起攻击。

最后，自问如下问题并做出诚实的回答："你对组织的 PAM 能力有多自信？"如果你对组织的 PAM 态势持怀疑态度，那么本书正是为你编写的，它将引领你安全而成功地完成 PAM 之旅。

目　　录

第1章
特权攻击向量

几乎每天我们都能在新闻和社交媒体上看到网络安全、数据盗窃、破解或攻击事故。从取证的角度看，攻击大都是外部威胁行动者（threat actor）从组织外部发起的。虽然外部攻击的具体战术可能各不相同，但外部攻击的阶段是相似的，如图 1-1 所示。

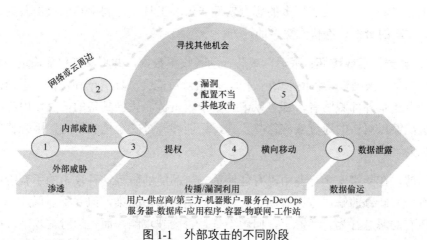

图 1-1　外部攻击的不同阶段

1. **渗透—内部威胁和外部威胁**：威胁行动者试图直接突破外围的做法已不再是组织面临的主要威胁，更常见的做法是通过攻陷的特权账户来攻击配置不当的资源，或通过钓鱼攻击来攻陷某个用户的系统，从而在目标网络环境中建立一个桥头堡。威胁行动者的目标是避开安全防御系统的"雷达"，在目标网络环境中永久地潜伏。与攻击外围的做法一样，野蛮攻击的做法也已式微。随着远程办公的队伍越来越大，可组合利用多种攻击向量，采用目标组织无法进行管理控制的方式利用其漏洞，从而实现渗透。

2. **通过网络进行命令和控制**：除利用勒索软件和自主的恶意软件的做法外，

攻击者都是快速建立到命令和控制（C&C）服务器的连接，以下载工具包和其他负载，并接收其他指令。这可让他们对环境进行评估，进而规划下一步行动。

3．**找出特权账户并尝试提权**：威胁行动者首先研究网络、基础设施、特权账户、关键身份以及用于执行日常重要功能的资产，进而寻找机会，以收集其他凭证、进行提权或利用已攻陷的特权账户访问资源、应用程序和数据。

4．**在资产、账户、资源和身份之间横向移动**：威胁行动者利用窃取的凭证以及有关目标环境的知识，通过横向移动攻陷其他资产、资源和身份（账户）。这可让他们在目标环境中不断地传播和导航。

5．**寻找其他机会**：威胁行动者的目标是，在不被发现的情况下探查其他弱点，如漏洞、配置不当的主机以及其他特权凭证。因为一旦发现攻击，大多数组织都会立即采取措施，竭力降低其影响。因此，通过在隐身模式下行动，威胁行动者可找出更多的目标，安装更多的恶意软件和黑客工具，并利用其他攻击向量（从漏洞到攻陷的身份）潜伏于更多的地方。

6．**数据偷运或破坏**：最后，威胁行动者收集数据，并将其打包后偷运出去，最糟糕的是，根据攻击目的（如勒索），攻击者可能会破坏资产和资源。无论是内部威胁者还是外部威胁者，都可以审视整个攻击链。凭借具备的信息，内部威胁行动者能够以更快的速度实施这些步骤，还能够绕过安全控制措施，因为他们可能被视为可信的。

当前，在网络安全行业中没有任何单一产品能够防范这种攻击的所有阶段。虽然有一些新颖的解决方案有助于防止或检测到初始感染，但并不能保证一定能阻止所有的恶意行为。实际上，问题不是是否会被攻陷，而是何时被攻陷，而除漏洞和漏洞利用的攻击方式外，其他攻击方式利用的几乎都是特权账户及相关的攻击向量。有关这方面的详细信息，请参阅 *Asset Attack Vectors*。

因此，在任何情况下，都必须采取基本的防范措施：漏洞管理、补丁安装、终端保护、威胁检测等。同时，还需对环境中的特权账户进行保护、控制和审计。妥善地管理特权账户有助于防范攻击的各个阶段——从缩小攻击面以防范横向移动，到检测正在发起的攻击，再到积极响应以减缓攻击带来的影响，这正是作者编写本书的原因所在。本书将探讨特权账户的弱点、攻击者如何利用这些弱点，更重要的是，你可采取哪些措施。首先，我们需要明白特权到底是什么，以及哪些人会尝试利用特权达成恶意目的。

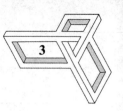

1.1 威胁角色

详细介绍特权前，先花几分钟说说要防范的人。攻击可能来自组织外部，也可能来自内部；可能纯粹是在碰运气，也可能计划周全、目标明确；可能是单打独斗，也可能是团队作战。根据动机和战术，可将攻击者分为黑客主义者、恐怖分子、工业间谍、网络犯罪集团，或者简称为黑客。

黑客、攻击者和威胁行动者之间存在细微的差别，可根据实施的恶意行为对他们进行定义。在很多情况下，安全从业人员将这些术语视为同义词，几乎不加以区分。作为安全从业人员，我们研究最近的安全事件、关注取证调查并等待随之而来的逮捕行动。对于大型安全事件，长期得不到解决的很少，但对这些网络犯罪绳之以法可能需要数年，这取决于引渡法以及是否涉及某个国家。通过这些事件，我们研究攻击、数据泄露以及这些恶意行为是由威胁行动者、黑客还是攻击者发起的。

问题是这些术语有何差别，毕竟它们大致上不是一回事吗？实际上并非如此，在很多网络安全事故报告中，都错误地使用了各种术语。对于这些威胁角色（threat persona），正确的定义如下。

- **威胁行动者**：据 TechTarget，威胁行动者也被称为恶意主体，是指对影响或可能影响组织安全的事故负有部分或全部责任的实体。

- **黑客**：据韦氏词典，黑客指的是非法访问并可能篡改计算机系统中信息的人。

- **攻击者**：在网络安全领域，攻击者指的是试图破坏、暴露、篡改、禁用、盗窃或以未经授权的方式访问资源、资产或数据的个人、组织或受控的恶意软件。

根据上面的定义，安全事故通常是黑客发起的。攻击者可能也是黑客，但通常带来的破坏更多。威胁行动者不同于黑客和攻击者，他们不一定掌握了发起攻击所需的技能（见表 1-1），而只是具有恶意的个人或组织，其任务是破坏组织的安全或数据，这包括从物理性破坏到复制敏感信息的任何行为。威胁行动者是个宽泛的术语，涵盖了所有的外部和内部威胁（而不考虑其目的是什么）。威胁行动者只是潜在的威胁，并不一定会发起攻击。

表 1-1   威胁行动者举例

威胁行动者	举例
外部威胁	政治活动分子、有组织的犯罪、机会主义者、以金钱为目的的攻击者、恐怖组织
内部威胁	管理员、开发人员、系统用户、数据所有者、外包商、受信任的第三方

因此，黑客和攻击者掌握了一定的技术，目标是通过攻击来制造安全事故。他们可能单打独斗、团体作战或受某些指使，可能来自世界的任何地方，但都目标明确。他们的目标可能是破坏商业业务、离间政府和公民、散布敏感信息或利用窃取的数据或勒索软件牟利。

然而，攻击者和黑客之间的差别很小。传统上，黑客利用漏洞来发起攻击，动机可能是有意进行破坏或只是出于好奇心。攻击者可能为达目的而不择手段。例如，攻击者可能是心怀不满的内部人士，他删除敏感文件或以任何方式让业务中断，以实现目的。别忘了，这些内部人士能够访问目标系统和数据，因此只需利用授予他们的权限就能得逞。黑客的目标与内部人士相同，但是使用漏洞、不当配置、窃取的凭证和身份来攻破原本无权访问的资源，以获得访问权限并完成任务。

在我看来，明白攻击者、威胁行动者和黑客的区别很重要。安全解决方案旨在用于防范所有这三类恶意角色，但做法随不同的组织而异。

- 为防范威胁行动者，特权访问管理（PAM）解决方案可管理特权访问；以会话记录和击键记录方式将所有活动写入日志；对应用程序进行监控，确保威胁行动者未获得不合适的内部或远程访问权限；并记录所有的会话以防万一（内部威胁）。

- 为防范黑客，漏洞管理（VM）解决方案可用于发现操作系统、应用程序和基础设施中的补丁缺失、弱密码和不安全的配置，确保它们得到及时的修复。这弥补了可被黑客用来攻破环境的缺口。大多数漏洞管理解决方案都可帮助组织对漏洞带来的风险进行评估，进而确定修复措施的优先顺序，从而尽可能快速而高效地缩小攻击面。需要指出的是，当黑客攻破用于保护资源安全的凭证后，便可利用特权攻击向量来发起攻击。

- 为防范攻击者，可使用最小特权解决方案以及网络和主机入侵防御解决方案，通过撤销威胁行动者对资源的特权访问来缩小攻击面。这包括撤销对应用程序和操作系统的多余的管理员（root 用户）权限。这些解决方案还执行详尽的访问和行为审计，旨在发现被攻陷的账户和特权滥用。

通过结合使用这些解决方案，不仅可防范外部攻击，还可限制对资产和身份的特权访问，从而防止横向移动。这是防范特权攻击向量的基石，将在本书后面详细讨论。另外，这也在最高层被建模为网络安全的三大支柱：资产、特权和身份。任何安全产品都可划入到这三个支柱之一中，其中最有效的解决方案位于中央，同时这三个支柱在功能上是相互重叠的，图1-2以维恩图的方式说明这一点。

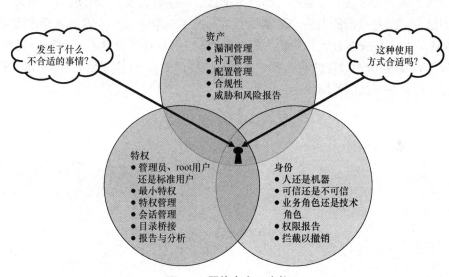

图1-2　网络安全三支柱

然而，咱们的步子还是别迈太大了。这个概念更多的是与如何选择解决方案来解决问题相关，而与问题和攻击向量本身的理解无关。在制定防范方案前，咱们先来说说特权的基本元素。

不管动机如何（无论是为了牟利，还是出于黑客主义），威胁行动者、黑客和攻击者几乎总是通过阻力最小的途径来实施其恶意行为。这种途径有时会给取证留下明显的痕迹，但攻击的艺术是，在安全防范措施的雷达下行动时，确保尽可能在不被发现的情况下实施破坏。所幸，基于已发现的各种攻击和漏洞利用，大家对获取用户和应用程序特权的攻击方法非常熟悉。因此，需要给特权下个正式的定义：

一种只被授予特殊的人或用户组的特殊权利，让他们能够对资源执行特殊或敏感的操作。在信息技术领域，这通常与管理员账户、root账户以及可能被授予较高权限的账户相关联。

那么，什么是攻击向量呢？

攻击向量是一种路径或方式，黑客、攻击者或威胁行动者可通过它来获取对计算机或网络资源的访问权，进而实施恶意行为。攻击向量让攻击者能够利用基于特权、资产和身份（账户）的资源，这会涉及技术因素和人为因素。

接下来该探讨这些恶意行为和防范措施了，这样特权就不会成为任何人针对你的组织。发起攻击的向量。防范这种情况发生的策略通常被称为特权访问管理（PAM），但有些安全社区和分析师称之为 PIM（特权身份管理）或 PUM（特权用户管理）。就像前面讨论的攻击者、黑客和威胁行动者一样，PAM、PIM 和 PUM 很像，但存在细微的差别。

第 2 章

特权

当前，基于凭证的特权是攻击链中最容易摘到的果子。对威胁行动者来说，这是攻陷资源（进而攻陷整个环境）的最容易的方法。这些威胁如下所示。

- 内部人士账户的权限过高且不受监控，为账户的误用和滥用打开了大门。

- 通过钓鱼、社交工程和其他战术攻陷了内部人士的账户。

- 账户因凭证、密码、设备、应用程序模型不够坚固而被攻陷，让攻击者得以攻陷系统并获得了实施恶意行为所需的特权。

为了认识到特权如何被用作攻击向量，除本书前面讨论的内容外，你还需对特权的定义有更深入的认识。通俗地说，特权是一种特殊权利或有利条件，这是一种不会被授予普罗大众的权利。一个反例是教育：教育是一种权利，而不是特权。每个人都有接受教育的权利，因此在信息技术领域，教育类似于标准用户（Standard User）。标准用户拥有几乎每个人都有的基本权利，他们没有特权。因此，在典型的组织中，标准用户拥有的权利是所有通过认证的用户都有的，与教育领域中的普罗大众一样。在创建并启用这些用户账户时，将授予它们标准权利。这可能是对公司级应用程序的基本访问权，访问互联网或内联网、生产力应用程序（如 E-mail）的权利。特权用户除这些权利外，还有其他权利，这可能包括安装其他软件、修改其本地机器或应用程序的设置、执行其他日常任务（如新增打印机）。然而，这并不意味着他们是管理员。这意味着除标准用户的基本权利外，他们还被授予细粒度级别的特权，以便能够执行相关的任务。根据组织的需求，细粒度的层级可以有很多，这取决于基于用户的角色和工作职责。在最基本的情况下，只有两个细粒度层级。

- **标准用户**：拥有所有用户都有的权利，以便能够执行可信的任务。

- **管理员**：被授予大量特权，以便能够管理系统及其资源的各个方面。这包括安装软件、管理配置设置、安装补丁、管理用户等。

然而，大多数组织都通过 5 个基本的层级来定义特权。

- **无权访问**：这意味着没有用户账户，或账户被禁用或删除。这将拒绝任何形式的访问，匿名访问也不行。

- **访客用户**：访问权受到限制，拥有的权利比标准用户小。这通常与匿名访问相关联。

- **标准用户**：被授予所有用户都有的权利，以便能够执行可信的任务。

- **高级用户（Power User）**：具备标准用户的所有权限，外加其他特权，以便能够执行特定的任务。他们不是管理员，也不是 root 用户，但得到信任，可以执行通常由管理员执行的特定任务。

- **管理员**：被授予特权，能够修改资产的运行环境、配置、设置、受控的用户以及安装的软件和补丁。这种权限可进一步分为本地管理员权限和影响多项资源的域管理员权限。

这里对特权的审视角度虽然是宏观的用户级，但要理解实施适当防御措施所需的微观权限（令牌和文件），这种审视必不可少。认为特权只是你正在执行的应用程序的一部分无疑是鼠目寸光，特权必须通过分段根植于操作系统、文件系统、应用程序、数据库、监督程序、云管理平台乃至网络中，这样它们才能在用户通信和应用程序到应用程序的通信中发挥作用。如果使用了认证机制（从用户名和密码到证书密钥对），则这是正确的。资源对特权的解释要发挥作用，不能仅在某一层进行，而必须在整个栈的各个地方进行。为此，下面来探索每个层级（无权访问除外）的特权。

2.1　访客用户

访客用户的特权受到严格限制，只能执行特定的功能和任务。在很多组织中，来宾被限制在隔离的网段中，只有基本的访问权（例如，对于来访的供应商代表，只允许访问互联网）。如果这些不受控的计算机被攻陷，带来的风险也有限，因为无法利用它们通过横向移动来访问组织的资源。例如，从攻陷的来宾机器发起网

络扫描时，攻击者无法直接访问（至少是应该无法访问）公司的系统和数据，不管这些机器是通过以太网还是无线方式连接的。

2.2　标准用户

　　作为标准用户，除访客用户的权限外，还有一些特权，以便能够执行额外的任务，履行与其职位和角色相关联的职责。组织可能不提供访客用户账户，但通常会在标准用户和管理员之间设置多个层级，这些层级的用户通常被称为高级用户。在典型的组织中，可能会有数百乃至数千个不同的标准用户角色，以便在风险和效率之间取得平衡。对于每个角色，都根据其职责授予对特定系统、应用程序、资源和数据的访问权。在很多情况下，一位用户可能是多个用户组的成员，这取决于其具体的职责需求。例如，通常给每位组织用户（员工、承包商）赋予低访问权限角色（在讨论身份治理时，也称之为基本角色、基本权限、与生俱来的权利），使其具有基本的访问权限，如访问 E-mail 和公司内联网的权限。然后，根据用户的工作职责，赋予具体的角色，以提供其他访问权。图 2-1 是一个非常简单的示例，展示了典型环境中的角色层次结构。

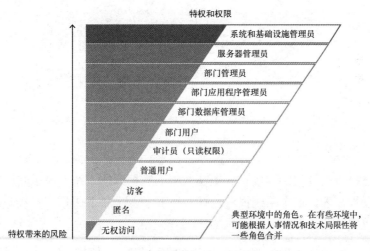

图 2-1　典型环境中的角色层次结构示例

　　在这个示例中，通过赋予不同的业务角色，可让特定用户能够访问 Web 服务器，但不能访问数据库，或者相反。威胁行动者的目标通常是破解拥有较多特权的账户，因为获得这些凭证后，就能访问他们梦寐以求的系统和数据。一般而言，需要执行的管理功能越多，拥有的管理特权就越多。另外，从唯一出资人沿层次结构向上移到高管时，特权应逐渐减少。遗憾的是，在很多组织中，情况并非总是如此，这不符合 PAM 最佳实践。

根据上面的信息可知，并非必须获得域管理员权限或 root 用户权限，才能实施恶意行为，虽然这可降低技术壁垒，让恶意行为实施起来更容易。例如，如果用户是制造车间的工人，则工作角色决定了其特权是有限的。如果目标用户是信息技术管理员，如服务器管理员、桌面管理员、数据库管理员或应用程序管理员，相关的特权风险将更高，因为这些员工的角色决定了他们被授予了额外的访问权。来看一个例子：威胁行动者企图访问公司的数据库或文件系统，其中包含敏感的非结构化数据，如图 2-2 所示。

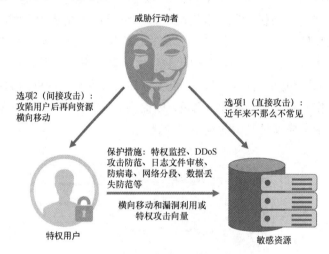

图 2-2　攻击者试图访问包含敏感数据的数据库或文件系统

威胁行动者会选择下面哪种做法呢？

● 直接攻击经过加固的包含敏感数据的数据库或系统。由于其敏感性和合规性需求，这个系统很可能打了补丁，受到监控并采用了高级威胁检测和攻击防范技术。

● 利用钓鱼攻击攻陷系统/数据库管理员并窃取这些凭证，进而冒充合法用户直接登录目标系统。

建立内部桥头堡后，只要能够访问应用程序及其数据库或支持文件系统，就能提取信息。这种攻击向量还可能让威胁行动者执行命令、实施横向移动并偷

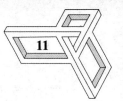

运数据，而不管他们是外部威胁者还是内部威胁者。

另外，很多组织都向特定职位授予不必要的特权，这增加了黑客和攻击者得逞的风险。例如，很多组织依然允许用户对其桌面具有管理控制权，原因只是为了方便或遗留应用程序需要管理员权限才能执行。

另外需要指出的是，最近的攻击逐渐专注于非传统资产，它们可能缺乏当今复杂威胁环境中必不可少的灵活性和控制。在有些系统中，访问权选项非黑即白：你要么能够访问，要么不能访问。能够访问时，你就是管理员，能够完全控制系统。消费设备就是这样的，它们根本没有基于角色的访问权的概念，很多物联网（IoT）设备、遗留系统以及用于制造、自动化和机器人控制的下一代技术亦如此。

2.3 高级用户

高级用户的特权比标准用户多，他们需要使用应用程序和资源中普通标准用户无权使用的敏感或高级特性。从技术的角度看，高级用户可能对其使用的资源认识不深，但能够按照特权指南执行特定的任务。

另外，在组织中，高级用户可能是赋予个人的一个正式角色，他们被认为是某个软件、角色或资源方面的专家。通常，这些人都经过培训，以便执行不在其典型职责范围内的高级功能，因此被赋予了这样做的特权。高级用户被赋予执行特定任务的特权，因此从特权大小的角度看，他们位于标准用户和管理员之间。高级用户不是管理员，但考虑到被赋予的特权，他们是潜在的特权攻击向量。如果赋予的特权过高且不受监控，将更是如此，因为这些特权能够让他们执行敏感的任务。

最后，开发人员、服务台员工、应用程序和数据库管理员（即使未被授予管理员或 root 用户特权）乃至工程人员通常都是高级用户。

2.4 管理员

如果你是管理员或 root 用户，就"拥有"系统及其所有资源，所有的函数、任务和功能都在你的控制之下。即便部署了对管理员进行限制的技术，管理员依然有办法（即通过后门）来避开限制。由此可以得出这样的推论：一旦你成为管理员，安全游戏就结束了。管理员可避开任何旨在用于防范管理员的保护措施，虽然这样做的后果是毁灭性的。

对威胁行动者来说，管理员或 root 用户特权是重要数据。一旦威胁行动者获得 root 用户权限并能够在不被发现的情况下行事，任何系统、应用程序和数据都将唾手可得。获得特权是攻陷组织、政府乃至终端用户计算设备的终极攻击向量。组织通常向管理员授予了过多不受监控的特权，这带来了极大的风险。PAM 的主要用途之一是撤销不必要的特权，只授予必要的特权或当前需要的特权，这将在本书后面更详细地讨论。

2.5　身份管理

定义、管理并分派角色，确保正确的人在正确的时间有正确的访问权的过程，被称为身份与访问管理（IAM），这是身份治理中一系列特定的解决方案。这里的访问权是基于角色的，被称为权限（entitlement）。特权访问管理（PAM）通常作为传统 IAM 规程和解决方案的补充，增加了对特权账户的控制和审计，因为特权账户给组织带来的风险是最大的。图 2-3 说明了 PAM 与身份定义安全联盟（IDSA）定义的身份治理之间的关系。

图 2-3　身份定义安全联盟（IDSA）框架（2019）

为了更深入地了解特权风险的范围，请参阅图 2-4。在很多情况下，对特权账户、用户和资产缺乏了解和控制，可能让你遭受极具破坏性的数据泄露。为了知悉特权账户，通常先执行简单的发现过程，找出组织的所有资产，因此咱们先来看看这些特权账户都在什么地方。对特权风险的范围有了全面认识后，就可以讨论一些应对风险的策略了。

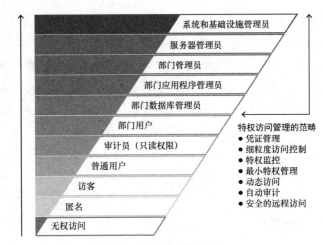

图 2-4 缺乏了解和控制可能导致数据泄露

虽然这里对特权的审视角度是宏观的用户级（身份管理），但要理解实施正确防御措施所需的微观权限（令牌和文件），这种审视必不可少。认为特权只是你执行的应用程序的一部分无疑是错误的，特权必须通过分段根植于操作系统、文件系统、应用程序、数据库、监督程序、云管理平台乃至网络（通常是零信任的）中，这样它们才能在用户通信和应用程序到应用程序的通信中发挥作用。因此，身份管理只是通过范围或角色指定了能否访问资源，而特权访问管理能够指定必要的细粒度权限（如果操作系统或应用程序无法指定的话）。因此可以说，PAM 既是 IAM 的一个子集，又是一个在各个层级对特权进行保护的扩展。

2.6 身份

在信息安全行业，术语"身份"常常被误用。所谓身份，就是一种碳基生命形式，是与资源（从应用程序到操作系统）交互（包括物理访问和电子访问）的人或用户。"我思故我在"，因此我有一个身份。每位用户都应只有一个身份。

另外，在现代计算环境中，也可以给信息技术指定身份。这里说的信息技术通常是设备，如邮件机器人或与现实世界进行物理交互的其他技术。电子身份不是软件或应用程序，而是具有人类特征的设备。需要指出的是，任何指定了身份的技术都可以有多个账户，就像人类身份一样，但它们还有一些标识其所有者的独特属性。电子身份所有者对应的人类身份必须为电子身份的所作所为负责。

如果人有多个不同的姓名，且不同的人在组织中以电子方式表示的身份相同，那么对人类身份来说，最佳安全实践可能变得不管用。在这种情况下，每个人还是只有一个身份，但可能对应着多个电子表示形式（请不要将此同有多个账户混为一谈）。在组织中，每个人都应该只有一个身份，如社会保障号（使用社会保障号是种糟糕的做法，因为它属于个人可识别信息）或员工编号（相比于社会保障号，使用员工编号更合适）。每个人都只有一个身份，并与一个电子表示相关联，但每个人都可以有多个账户。作为另一个最佳安全实践，应最大限度地减少账户数量，并确保可轻松地将账户关联到相应的身份。

2.7 账户

账户是身份的电子表示，或者说是一系列权限证明，让应用程序或资源能够连接到系统或在系统内运行。从账户的定义可知，账户是身份证明，当以电子方式用于服务、模仿和应用程序到应用程序功能时，它可以有各种不同的形式。账户和身份之间是一对多的关系，账户可以是本地定义的，也可以加入到组中或通过目录服务进行管理。在账户级、组级和目录中，可给账户指定基于角色的权限；这些基于角色的权限大小各异，从禁用（拒绝访问）到特权账户（如 root 用户、本地管理员或域管理员）权限不一而是。特权大小和基于角色的访问权限随系统使用的安全模型而异，在不同的实现中可能存在天壤之别。

因此，我们通过与身份相关联的账户来获得对信息技术资源的访问权。对技术本身来说，账户是一种授权使用、提供开发自动化以及提供操作参数的途径。无论是哪种类型的账户，授予过大的特权都可能带来风险，账户可随便命名，并受制于系统指定的限制。例如，有些系统可能禁止重命名管理员账户，虽然根据最佳安全实践，应该重命名管理员账户。账户是用来认证的，可能有与之相关联的密码或密钥，也可能没有。指定密码后，账户就成了凭证，而不管密码的强度、类型和安全性如何。

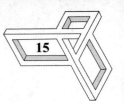

2.8　凭证

凭证是带密码、口令、证书或其他密钥的账户。凭证可能采取了多种安全机制，以实现双因子认证或多因子认证。凭证也可能是基本的访客凭证，它不需要密钥或密钥是大家都知道的，任何人都可使用它来访问相关的资源。凭证不过是用于认证的账户和密码的组合，但对试图实施提权的威胁行动者来说，它们就是重要数据。

攻击者说攻陷了一个账户时，意思是说攻陷了与账户相关联的凭证。但从字面上说，攻陷账户只是获得了用户名。要攻陷系统及其数据，同时需要用户名和密码。因此，为简单起见，本书后面说攻陷账户时，指的是攻陷了凭证。管理特权已足够难，就不要再为每天用来描述威胁的语义操心了。安全从业人员和新闻出版界也许永远不会改变说法，当他们说 100 万个账户被攻陷时，实际上指的是100 万个凭证被攻陷。你明白其中的差别了吗？

2.9　默认凭证

无论资源是设备、应用程序还是云资源，每当你购买或获得许可时，它都带有默认凭证，用于初次访问和配置。此时的资源通常都处于出厂状态，未经全面加固，无法抵御各种密码攻击，对可拥有整个系统的默认 root 用户账户或默认管理员账户来说，尤其如此。如果不对默认凭证进行管理、维护和监控，威胁行动者一旦攻陷这种账户，就能够发起各种特权攻击，并在数年内不被发现。这些默认凭证必不可少，可让组织能够以一致的方式执行初始配置。因此，根据最佳安全实践，必须更改默认凭证，但很多时候并没有这样做，从而将默认账户暴露在被作为特权攻击向量的风险之下。当前，对于设备、应用程序和其他资源，制造商有 6 种设置出厂密码的方式。

- **匿名访问**：无须凭证就能不受限制地访问。

- **空密码**：默认用户名，没有密码。

- **默认密码**：默认凭证，其中的用户名和密码是可预测的。

- **默认随机密码**：默认用户名和完全随机的密码。

- **根据模式生成的密码**：默认用户名和可预测的密码。

- **强制密码更改**：默认凭证，正常运行前必须更改密码。

如果不修改默认密码，设备、应用程序和资源迟早将被攻陷。对于可预测或易于获得的信息，对其进行修改，使其具备相应的知识才能获悉，这是特权管理的基石。

请注意，2020 年实施的《加州消费者隐私法案》（California Consumer Privacy Act）规定所有新出厂的消费设备都必须实现前面提到的默认随机密码和强制密码更改，以防范特权攻击；对于待售的消费设备，其他密码设置方法都是非法的。对于不出售或供企业使用的设备，没有这样的要求，至于适用于所有网络设备的法律将如何修改，目前还不清楚。这虽然只是加州的法律，但这项立法将让全球受益，因为设备制造商不太可能生产两个版本的产品，一个销往全球的第 5 大经济体（加州），一个销往世界其他地方。

2.10　匿名访问

匿名访问简单而绝对，无须认证就可着手对资源进行设置，这包括用于防范未来攻击的高级设置。考虑到当前的安全氛围，这种方法虽然滑稽可笑，但常常是初次配置资源的唯一途径。就拿新购买的 iOS 或 Android 手机或主流平板来说吧，其初始配置让你能够匿名访问以设置 Wi-Fi。默认情况下，这些设备可连接到任何 Wi-Fi 网络，包括有 WPA2 密码的网络。通常，不要求修改这种配置，但如果配置不当，就可能遭受中间人攻击。

另外，对于设备上的主管理员账户，密码可设置为空，这意味着可随时不受限制地访问设备。使用生物识别（如人脸识别或指纹识别）的设备更是如此，这些设备可配置成无密码（虽然推荐设置密码），而且在通过移动设备管理解决方案或管理配置文件访问公司资源时，必须设置密码。如果这种设备一开始就被攻陷，后面再添加这些限制可能也无济于事。

如果在初始配置后不禁用或修改匿名访问，这将是一个令人恐怖的安全威胁。令人惊讶的是，很多信息技术资源都只支持匿名访问，这包括但不限于热电偶等SCADA 传感器、IoT 儿童玩具以及依赖于语音命令的配置后的家庭数字助理。归根结底，这些设备几乎没有基于账户或角色的访问概念，与其交互的所有用户的特权等级都相同。图 2-5 显示了即便是文件共享，任何人都可以在任何时候获得匿名访问权限。

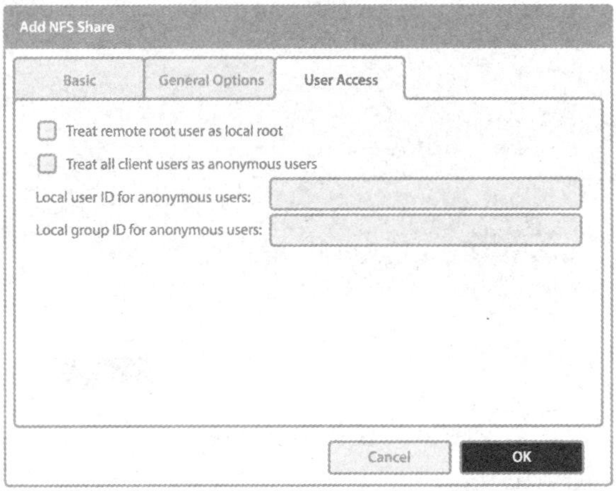

图 2-5 添加 NFS 共享时的匿名选项

2.11 空密码

在有多个账户的资源中，空密码很常用（密码默认为空）。在初次配置资源的安全设置时，可能要求设置密码，但包括较老的数据库在内的很多技术在安装并开始运行时，也不会提示设置密码。其中的风险显而易见。配置不当的账户很容易成为威胁行动者的目标，这取决于其拥有的特权。图 2-6 显示了一个网站的设置，其中没有设置凭证。

空密码（凭证）并不是匿名账户，而是未设置密码的凭证。在很多情况下，这都是一种糟糕的配置，在设备加固期间必须修改。大家经常将密码为空的账户与匿名访问混为一谈，但它们之间存在两个重要的不同。匿名访问时，不考虑用户的身份，因此通常只用于风险较低的操作。使用密码为空的账户访问时，会考虑用户的身份，但认证过程的安全性会降低，这通常是一种疏忽，会带来不该有的风险。空密码解决方案最常用于支持来宾账户的系统；而匿名访问不受来宾账户是否启用的影响，通常供没有账户的人使用。在我看来，匿名访问通常是有意提供的，对某些操作来说必不可少，而空密码通常意味着特权漏洞和糟糕的配置。

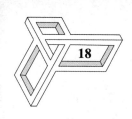

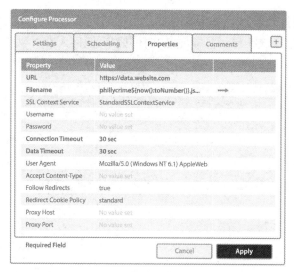

图 2-6　没有设置账户和密码

2.12　默认密码

多年来，制造商都发布使用默认密码的解决方案。有些制造商对不同型号的设备使用不同的默认密码，有些制造商在生成的每种资源中都使用相同的默认密码。虽然这种做法很普遍，但却是严重的安全问题。在互联网上列出了很多供应商使用的默认密码，威胁行动者只需尝试它们即可。另外，出于风险考虑，后面将讨论的合规性要求禁止在生产环境中使用默认密码。这些设备一旦连接到网络，就很容易受到攻击。如果在设备投入生产环境中后设备没有得到妥善配置，依然使用默认凭证，将极度危险。然而，有些设备可能不允许修改默认密码，这将是一个极度脆弱的特权攻击向量，犹如根账户为匿名账户或密码为空一样。

然而，空密码带来的安全威胁并非仅限于终端和网络设备。在很多情况下，应用程序供应商将实施安全控制的责任交给了应用程序的用户和开发人员。例如，MongoDB 是一款深受欢迎的 NoSQL 数据库，很多组织都使用它来执行繁重的大数据分析任务。以默认方式安装较旧的 MongoDB 版本时，它不会对访问数据库的用户进行认证。这引发了 2017 年初的大规模攻击：应用程序和数据库管理员无法启用数据库访问认证。雪上加霜的是，在这些数据库中，很多都是可从互联网直接访问的。有鉴于此，将最佳安全实践传达到组织的各个层级（包括开发和应用程序小组）至关重要。图 2-7 和图 2-8 展示了一些商用技术，它们采用了糟糕的做法，允许使用默认密码。

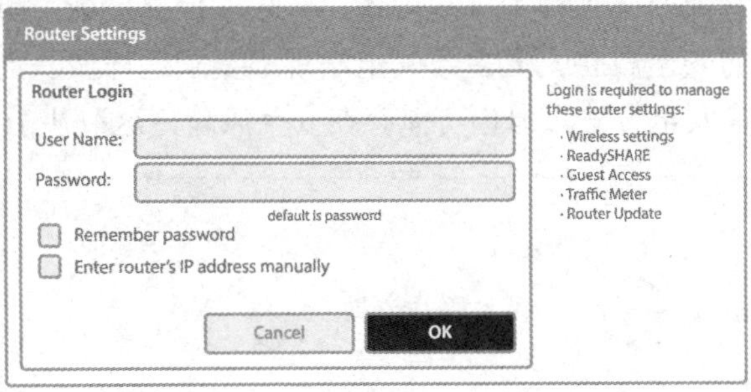

图 2-7　一款家用路由器，其用户界面指出密码为默认设置

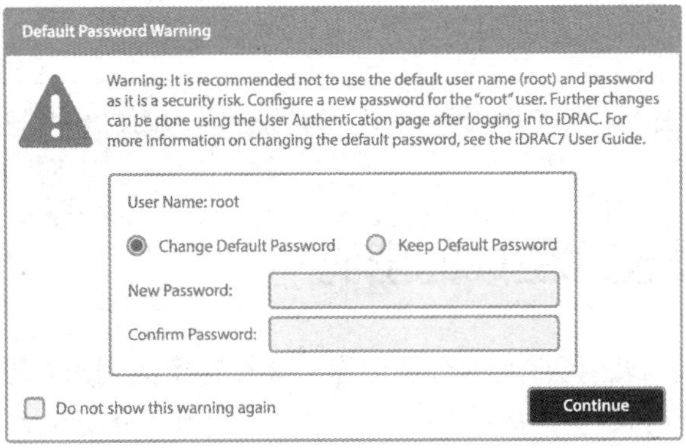

图 2-8　包含"保留默认凭证"选项的商用服务器解决方案

2.13　默认随机密码

当前，最安全的默认密码方案是在生产、许可或出售的每项资源中，都使用随机且独一无二的默认密码。对于这种密码，需要将其安全地交给管理员或组织，供初次设置时使用，并在初始设置完成后进行修改。可惜有些制造商的做法导致设备在被攻击者接触到时便变得不安全了。除序列号外，这些制造商还将默认密码印制在设备上，任何能接触到设备的人都能获悉，如图 2-9 所示。

另外，它们还提供了一个重置键，按住这个重置键就能将密码（可能还有配置）恢复到默认设置。一旦重置，威胁行动者就能访问并攻陷资产。缓解这种威胁的方法比较简单，只需复制（拍照、扫描或录入）资源上的默认密码，将其存储到安全的地方，再将资源上的默认密码毁坏、遮住或取走即可。另外，对于支持软重置、硬重置或密码远程重置的设备，应采取保护措施，防止他人接触到它们，以防范相关的安全威胁。大多数安全法规都要求这样做。当前，随机密码是分发默认密码的最安全方法，但也可能存在安全风险，这取决于密码分发方式。

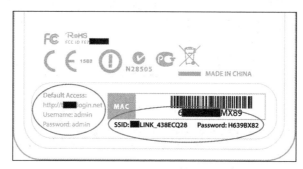

图 2-9　出厂序列号、默认的弱凭证和随机的 SSID 密码

2.14　根据模式生成的密码

身份治理要求制定可重复的合理流程，并按这个流程来新增用户、新建身份和账户、删除身份和账户、提供访问评估报告、给用户分配完成工作所需的权限。如果管理不善，这些账户可能带来极大的安全风险。

有些公司有一个自动化系统，它根据人人都知道的信息（如用户的姓名）来创建默认登录账户和密码，你在这样的公司工作过吗？给新员工创建账户或在用户认证或登录失败后重置密码时，IT/服务台通常都是这样做的。对他们来说，这种做法易于记录在案，可将其自动化，将密码告知用户的过程也很容易。

例如，如果有一位名为 John Titor 的新用户，可使用一种算法通过提取其姓名的组成部分来生成登录账户和凭证。这里的开通过程是这样的：将登录账户设置为名字的第一个字母加上姓，并将默认密码设置为 New + 名字的第一个字母 + 姓的第一个字母 + !!!2036$。这种算法生成的账户如下。

● 　登录账户：JTitor。

● 　密码：NewJT!!!2036$。

只需知道新用户的姓名以及用于生成默认密码的算法，就能成功地攻陷这个账户。如果我是内部人士，并经历过这个过程，就能清楚地知道账户和密码是什么。你可能会说，这根本不是什么风险，因为这些账户通常被设置成首次登录后必须更改密码。确实如此，但还有三点需要考虑。

- 从账户在创建后由黑客在登录时更改了密码，到新员工发现他无法使用这个预先创建的账户，进而要求 IT 小组重置密码的这段时间内，该账户已被暴露。

- 在有些情况下，组织可能不会强制首次登录后修改密码，因此员工可能继续使用默认密码。

- 这个过程可能用于重置被锁定或禁用的账户，导致密码是高度可预测的。

当然，要解决这些问题，可实施其他安全最佳实践以降低风险，这包括下次登录时更改密码以及多因子认证。图 2-10 显示了如何强制下次登录时修改密码。无论密码是否是根据模式生成的，都应这样做，以确保密码对账户和相应的用户来说是安全的。

图 2-10　强制下次登录时修改密码

2.15　强制密码

强制密码更改是"强制下次登录时修改密码"的一种扩展。它们之间主要的不同在于，前者强制要求初次设置设备或应用程序时修改密码，而且如果不这样做，产品将无法正确地运行。这旨在防范默认凭证攻击，可惜因为下面的因素，它的能力有所不逮。

- 没有提供防止多台设备使用相同凭证的机制。这让设备难以抵御横向移动以及后面将讨论的其他特权攻击向量。

- 没有提供实施密码复杂度的机制，无法避免常见密码和其他可被用作攻击向量的密码错误。

- 没有提供在初次修改前集中管理凭证的机制。换而言之，总是有一个可能不受控制的本地管理账户，可被作为后门加以利用。

第 3 章

凭证

实际上，凭证就是权利、权限或特权的证明，通常以书面或输入（如账户名和密码）的形式表示。而且仅当其凭证通过验证后，账户、应用程序、服务、脚本等才被允许执行相应的操作。

3.1 共享凭证

网络安全领域的一条基本原则是，绝不要与任何人共享密码（凭证），无论是同事还是承包商，在任何情况下这样做都不合适！然而，很多员工还是与人共享密码，这可能是因为情况紧急、天真无知、为了让人帮助完成任务或为了在病假或休假期间解决问题。

共享凭证带来的问题是，脱离你的控制后，凭证多久后会到威胁行动者的手里呢？这里的威胁行动者可以是心存恶意的黑客、可疑的配偶或内存刮擦（memory- scraping）恶意软件。如果多位用户使用相同的凭证（如本地管理员账户或域管理员账户），组织如何将访问和修改操作关联到特定的身份呢？遗憾的是，虽然存在这些风险和挑战，在现实世界中，必须共享凭证的情形依然存在，如让应用程序能够在多层架构中运行、让设备能够连接到网络、让多位用户能够管理相同的资源。共享凭证是个特权问题，因为一旦共享，将难以阻止凭证的暴露，也难以对其暴露风险做出量化评估。要最大限度地降低特权风险（特权被用作攻击向量的风险），必须知道共享的凭证可能出现的所有地方。另外，可采取哪些措施来缓解共享的凭证被无意间传播出去的风险呢？这些措施包括：记录共享凭证的使用情况（什么时候被使用、谁在使用、使用它执行了哪些操作）；定期地修改密码以防凭证失效。对于共享的凭证，还应在发生组织性事件（如员工或承包商变更）时进行轮换。用于访问资源的凭证可能被有意或无意地共享，这是特权访问管理要解决的核心问题。

3.2　账户凭证

用户暴露其账户信息的方式很多，有些是有意的，有些是无意的。最常用的认证方法包括语音、电子邮件和短信。除语音外，另外两种方法会在备份、日志文件和短信历史记录中留下永久性痕迹；这些痕迹很可能完全脱离组织的控制，因此严格地说，相关的凭证已经暴露。大家没有意识到，将电子邮件或短信从设备中删除时，并没有将其完全根除，相反，这只意味着用户自己看不到它，但它依然存在于某个地方。存在的地方以及带来的风险取决于密码是如何存储的。对于基于人类的身份，存储和检索相关密码的方式很多，其中包括下述方式。

- **记忆**：只存在于用户的脑子里。
- **记录**：写在纸上。为确保安全，可将写有密码的纸放在保险箱内。千万不要将密码写在便签或布告栏上。
- **平面文件**：记录在电子表格等电子文件中。为确保安全，可将这些文件放在文件系统中并进行加密，这可防范简单的攻击。
- **密码管理器**：一种用于存储和检索凭证及其相关联的密码的技术解决方案。这种技术的高级版本还可随机生成密码并根据指定的策略自动轮换。

只将信息存储在脑子里好像是最安全的，但这样做也存在风险，不能将其作为最佳实践。只将密码存储在脑子里时，如果你被车撞了，后果将非常严重。为方便"打破玻璃"（Break Glass）以及在特殊情况下共享密码，一种不错的方法是创建在紧急情况下启用的特权访问账户并将其记录在文件中，但如果这些文件被共享、复制或放在不安全的地方，将带来风险。在这种情况下，威胁行动者将能够轻而易举地获得密码，进而访问你能够访问的所有资源。为降低这种风险，很多用户利用密码管理器来存储和检索密码，在防范特权攻击向量方面，这是最佳特权访问管理解决方案之一。

需要指出的是，密码管理器分两类。一类用于存储个人密码，另一类用于存储企业密码。不应使用其中任何一类密码管理器来存储两种密码。换而言之，不要使用个人密码管理器来存储企业密码，反之亦然。绝不要在企业密码管理器中存储个人凭证，如银行账户或个人社交媒体账户，而个人密码管理器也不适合用于管理和审计企业特权访问。一般而言，应将这两种密码管理解决方案分开，除非组织选择的解决方案和策略会区别对待这两者。这将在本章后面详细地讨论，这些讨论适用于使用相同的个人密码和工作密码的用户。

3.3 共享管理员凭证

大多数应用程序、嵌入式解决方案、网络设备、物联网（IoT）和家用电器解决方案在出厂时都带有本地账户，并依赖它们来执行管理功能。在传统的环境中，多位系统管理员都使用这些账户（共享凭证）来执行特定的配置和维护任务。为何要共享账户和密码，而不为每位管理员创建不同的登录账户呢？这可能是由设备和/或应用程序的局限性导致的。换而言之，由于系统本身不支持创建不同的凭证，这样做将非常麻烦，还将带来极高的管理开销，因此可能让管理员共享出厂凭证。

来看一个例子。在某个环境中，有 10 位管理员，管理着 1000 个系统，如图 3-1 所示。

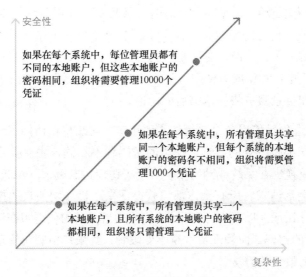

图 3-1　管理员凭证数量与复杂性和安全性的关系

出于效率考虑，很多组织选择更容易实现的解决方案，这种解决方案不那么复杂，但安全性也更低。下面来看看这个模型中每个选项面临的风险。

1. 从运营的角度看，最简单的解决方案是在每个系统中都使用同一个账户，且所有系统账户的密码都相同，因为管理员只需共享和协调一个密码。然而，这种做法显然是最不安全的。只需攻陷一位管理员密码，黑客就能通过横向移动轻松地访问全部 1000 个系统。

2. 如果所有系统共享同一个本地账户，但每个系统的密码都不同，风险及攻陷带来的影响都将降低。在这种情况下，即便黑客攻陷一位管理员密码，也只能访问一个系统，因为其他所有系统的密码与这个密码不同。与所有共享账户解决方案一样，这种方法面临的唯一挑战是，无法根据使用的账户确定操作是哪个人执行的。在这个示例中，所有操作都将关联到"管理员"，而无法确定具体是哪位管理员。另外，在共享账户时，要更改密码，必须进行高效的协调，将更改情况告知使用该账户的每个人；而账户和密码越多，这种协调工作就越复杂。在这个示例中，需要更新 1000 个系统中的 1000 个密码，并将更改后的密码告知全部 10 位管理员。有鉴于此，在很多情况下，只是共享密码，而很少更改密码，这进一步增加了被攻陷的风险。当然，自动密码管理解决方案提供了管用而高效的途径，可频繁地更改这 1000 个本地账户，使其使用独特而复杂的密码。

3. 第三个选项最复杂。在这个选项中，管理员不使用共享的本地账户，相反，每位管理员都使用自己的账户来访问系统。这可将每项操作都写入日志，并将其关联到特定的管理员。然而，在这个示例中，这将要求在每个系统中都创建 10 个账户（每位管理员 1 个），或者使用目录服务或中央身份解决方案来执行认证过程。身份解决方案和目录服务将在本书后面讨论。

4. 第 4 个选项是使用各个系统的本地账户，这在特权访问管理解决方案中最常用。各个系统都是受管的，它们使用的密码各不相同，由企业密码管理解决方案自动管理和轮换。在系统或网络中，实现了访问控制列表（ACL），以限制横向通信和伪造的会话请求。所有操作都需获得堡垒主机（网关）的授权，堡垒主机首先对用户进行认证（以便审计和报告），再充当连接的代理。在这个选项中，需要 1000 个受管的密码，而管理员数量不受限制，其账户由密码管理解决方案负责开通。这是当前最佳的方法。

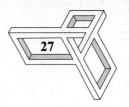

3.4　临时账户

临时账户通常供实习生、供应商代表、承包商、临时工或其他需要暂时访问的人使用。这些账户绝不能在从事相同工作的用户之间共享，如使用共享自助服务终端的临时工、在车间机器上工作的承包商、专业服务承包商、审计人员以及需要账户的临时工。每个人的临时账户都必须是独一无二的。临时账户带来的风险有下面这些。

- 如果被共享，将无法确定谁使用这个账户执行了哪些任务。

- 工人的任务完成后，如果没有将其临时账户禁用或删除，可能导致他在不应该的时候拥有访问权。

- 如果不频繁地更换这些账户的密码或密码是根据模式生成的，访问将不受控制。

- 未管理或禁用账户，导致指定的时间过后出现未经授权的访问。这些都是撤销（deprovisioning）流程中的漏洞。

3.5　SSH 密钥

SSH（Secure Socket Shell）是一种使用公钥加密的特殊网络协议，可让经过授权的用户能够使用被称为 SSH 密钥的访问凭证远程访问计算机或其他设备。通常，SSH 密钥用于访问敏感资源和执行特权很大的关键操作。与其他敏感凭证一样，正确地管理 SSH 密钥至关重要。SSH 密钥已成为标准，在 UNIX 和 Linux 环境中使用得较多，但也可用于 Windows 系统中。

3.5.1　SSH 密钥安全认证概述

SSH 使用公钥加密（一种使用两个密钥的加密方法，其中一个是公钥，另一个是私钥），旨在用于在用户和远程计算机之间进行强加密验证和通信。SSH 技术基于客户端/服务器模型，提供了通过不安全的网络（如互联网）访问远程设备的理想途径。管理员通常使用这种技术来执行如下任务：

- 登录远程系统和资源，以执行支持和维护任务；

- 在计算机之间传输文件；

- 远程执行命令；

- 提供支持和更新；

- 授权设备参与网络通信（如 Wi-Fi）。

Telnet 是互联网上最先出现的远程登录协议之一，从 20 世纪 60 年代就开始使用，但现在几乎已被 SSH 取代，原因是 SSH 提供了更强的安全和加密功能。例如，Telnet 以明文方式执行所有的通信，很容易被威胁行动者攻击。

3.5.2　SSH 密钥认证的优点

SSH 网络协议对客户端和服务器之间传输的所有流量都进行加密，这意味着流量窃听者（如通过数据包嗅探）无法将传输的数据正确地解密。SSH 还能够防范暴力攻击和用于访问远程机器的特定攻击向量。公钥加密避免了通过网络发送密码，进一步提高了安全性。由于在企业中可能存在大量的 SSH 密钥，因此相比于手工管理和更新密钥，以特权访问管理的方式管理 SSH 密钥可极大地降低开销和风险。

3.5.3　生成 SSH 密钥

SSH 密钥都是成对生成的。在每对 SSH 密钥中，其中一个是公钥，另一个是私钥。这些密钥对是使用强大的算法生成的，因此即便你知道公钥，也无法猜出私钥。公钥可随便分享，但私钥必须保密，只有被授权访问系统的人才知道。SSH 密钥是根据用户输入的口令短语或其他信息生成的，通常根据由几个单词组成的短语同时生成公钥和私钥。

3.5.4　SSH 密钥访问

远程计算机使用其公钥向用户证明其身份。有账户试图连接时，远程系统发送根据公钥生成的"挑战"，只有知道相应私钥的人才能正确地将挑战解密并做出响应。挑战得到正确的回应后，远程系统便允许账户访问。几乎在所有情况下，生成密钥、共享公钥、发出挑战、做出回应以及获得访问权的操作都可自动化，让整个过程对终端用户来说是透明的。

3.5.5 SSH 密钥数量剧增会带来安全和运营风险

SSH 密钥剧增（sprawl）会让组织面临巨大的特权攻击向量风险，考虑到它们可能提供很大的特权（比如 root 根用户权限）时尤其如此。每台服务器通常有 50～200 个 SSH 密钥，因此整个组织可能有上百万个 SSH 密钥。虽然在这些 SSH 密钥中，很多已被遗忘，长时间处于休眠状态，但可能给威胁行动者提供渗透关键服务器的后门。攻陷服务器和 SSH 密钥后，威胁行动者就能够横向移动，进而找到更多隐藏的密钥。与其他类型的特权凭证（或密码）一样，如果组织依赖于手工流程，就可能出现将同一个口令短语用于生成 SSH 密钥或重用 SSH 公钥的情形，这意味着攻陷一个密钥后，就可使用它来渗透多台服务器。这种问题与重用密码没什么两样。

3.5.6 SSH 密钥安全最佳实践

与其他所有安全协议一样，对于 SSH 网络协议、密钥和口令短语，也必须有相应的强大标准和最佳实践。NIST IR 7966 向政府组织、企业和审计人员提供了用于实施 SSH 的安全控制指南。NIST 推荐将重点放在 SSH 密钥发现、轮换、使用和监控方面。即便是在复杂度中等的环境中，手工轮换 SSH 密钥也根本行不通。例如，你可找出使用 SSH 密钥的账户，可手工扫描用户文件夹 hidden.SSH 中的密钥文件，但这不足以帮助你确定谁有与文件中公钥配对的私钥。认识到 SSH 密钥数量剧增带来的风险后，组织通常会采取前瞻性网络安全措施，采用专用的 SSH 密钥管理解决方案或自动化特权访问解决方案，并为每个系统生成独特的密钥对，以便执行频繁的密钥轮换。自动解决方案极大地简化了 SSH 密钥的创建和轮换过程，消除了 SSH 密钥剧增的问题，确保在使用 SSH 密钥提高效率的同时不降低安全性。

3.6 个人密码和工作密码

我们都有数十个密码需要记住，因此忘记密码犹如家常便饭。为降低忘记密码带来的风险和麻烦，很多用户求助于密码管理解决方案，这种解决方案存储密码并确保其安全，用户只需记住进入密码解决方案的主密码即可。前面讨论过，当前有个人密码管理器，还有企业密码管理解决方案。它们都是不错的策略，但将相同的密码用于家里和工作环境中的多个应用程序、服务和其他资源不是什么好策略，使用个人密码解决方案来存储工作密码或使用企业密码解决方案来存储个人密码亦如此。在最近一些数据泄露事件中，黑客获得了数百万个消费者密码，由此带来的破坏性非常大，这不仅可以让黑客能够访问已攻陷的系统，而且影响呈几何级数放大，因为这些密码还可用于发起其他攻击：访问消费者的其他 E-mail账户、银行应用程序、社交媒体等。如果在家里和工作中使用相同的密码，该密码被攻陷时将给你的工作和生活都带来致命打击。

考虑到这一点，应遵循如下安全最佳实践。

- 不要在个人账户和公司账户之间共享和重用密码，因为其中任何一个被攻陷都将让你自己、雇主和商业伙伴面临风险。

- 不要将个人账户和工作账户的用户名设置成相同的。如果工作账户已标准化，要求将姓的第一个字母和名字作为其用户名（如 jtitor），就不要在个人账户（包括个人 E-mail 账户）中使用这个用户名。对威胁行动者来说，将个人账户和工作账户关联到你的身份易如反掌。

- 如果你在工作中使用了社交媒体，则应考虑创建多个账户，分别用于发布个人帖子和工作帖子。如果你是公众人物，不想区分工作和生活，就需要学习如何在社交媒体中分组，并在发帖时选择让家人、朋友还是公众看到。显然，不同账户的用户名和密码的差别应该足够大。

- 不要使用个人密码管理器来存储企业密码，也不要使用企业管理解决方案来存储个人密码。对于任何账户都应如此，包括本书后面将详细介绍的"打破玻璃"（Break Glass）账户以及任何类型的供应商账户、后门账户和独特账户。

3.7   应用程序

另一条网络安全基本原则是，用户应在每个应用程序中使用不同的密码，除非必须进行通信，否则任何两个应用程序都不应使用相同的凭证。在当今的信息技术安全领域，这是另一种形式的密码重用，会带来最严重的特权问题之一。人们常常在多个应用程序、系统、资源、基础设施等中使用相同的密码，只要其中一个被攻陷，就可利用同样的密码来攻击其他设备、应用程序、资源等。这正是在降低风险方面，中央目录存储、单点登录、密码管理和多因子认证如此重要的原因所在。无论是对标准用户账户还是特权管理账户来说，都是如此。

可惜的是，在有些情况下，必须在应用程序之间共享密码，这带来了独特的攻击向量。为了相互通信，有些应用程序要求使用相同的凭证，否则资源就不能正常运行。这带来了与密码重用相同的问题，因为只要攻陷一个资源，便可使用共享凭证来认证，进而实现横向移动。共享密码最常用于服务账户、脚本以及包括 DevOps 在内的应用程序间认证。没有简单的方法能够缓解这种问题，但有办法确保风险得到妥善的管理。

- 不要在脚本、应用程序和驱动程序连接（driver connection）中以硬编码的方式指定密码，即便应用程序在运行时编译源代码。

- 记录所有使用共享凭证的服务、应用程序和账户，以确保可见性和方便风险管理。

- 绝不要将密码放在文本文件或很容易解密的文件中。如果遗留应用程序要求将密码放在文件中，则确保对文件进行适当的加密，并将解密密钥存储在另一个系统中。

- 对于终端用户交互，尽可能使用活动目录等目录存储来认证用户。

- 为最大限度地降低观察者效应对终端用户的影响，考虑使用多因子认证和单点登录。

- 对于只能使用基于本地角色的访问权限的应用程序，强制定期进行密码轮换。

- 对团队成员进行风险教育，使其明白不重用密码的重要性。

上述方法虽然看起来难以实现，但这些风险并不是无法缓解的。企业密码管理解决方案通过应用程序编程接口（API）提供了缓解这些风险的途径。作为特权访问管理（PAM）解决方案的一部分，可对密码保险箱（密码管理器）发出 API

调用来获取正确的密码，而不必以硬编码的方式指定密码。PAM 解决方案知道需
要共享密码的解决方案之间的关系，在收到 API 调用时正确地分发密码或自动修
改密码。另外，对于终端用户交互，该 API 可使用单点登录技术给每个应用程序
和用户组合提供不同的凭证，从而带来无缝的最终用户体验。上述整个过程使用
自己的认证机制来防范威胁行动者，这将在本书后面介绍。

因此，对于用于应用程序间通信的密码，推荐的最佳实践是使用密码存储解决
方案（密码保险箱）来存储它们，而不要在解决方案中以硬编码的方式指定密码。

图 3-2 演示了一个使用凭证来确保应用程序间通信安全的应用程序。这种技术
可避免以硬编码的方式指定密码或将密码存储在独立的文件中，同时还对密码进
行了混淆，让任何最终用户都无法获悉密码，从而最大限度地降低了密码被威胁
行动者窃取的风险。

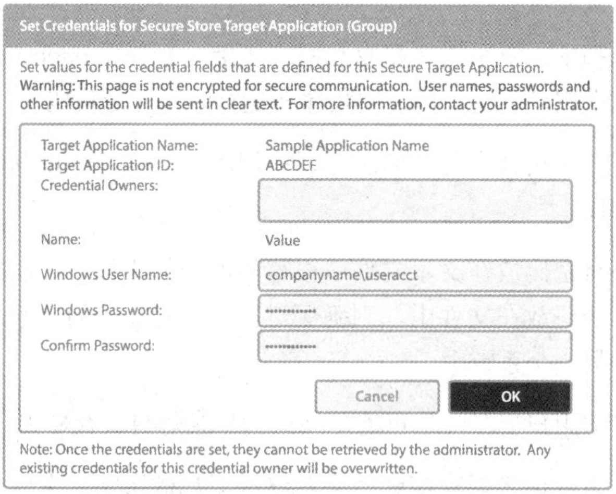

图 3-2   使用静态凭证确保应用程序间认证安全

3.8 设备

设备共享密码的情形与应用程序共享凭证的情形很像，但凭证和密码通常以
不安全的方式存储在设备中。这些密码不是 E-mail 账户或社交媒体账户的密码，
而是设备用来连接到网络的密码。这包括但不限于下面这些。

● 如果 Wi-Fi 使用的是 WEP（但愿不是）或 WPA2，所有设备可能都使用

相同的密钥或口令短语来连接到 Wi-Fi。

- 设备中存储的服务台凭证或管理员凭证可能会成为获取管理权限的合法后门。

- 连接到网络或执行自动更新等维护任务时，基于装置的漏洞评估扫描器、网络管理解决方案和安全解决方案等工具可能在所有部署中使用相同的凭证和密码。

- 基础设施设备（如路由器和交换机）管理解决方案使用相同的 root 密码来执行配置管理或同步网络管理功能。

- 设备本身能够发送 E-mail 或 SNMP（简单网络管理协议）trap 消息，它们将凭证存储在本地，以便能够自动发送通知。

因此，设备密码带来了另一个特权攻击向量。这些密码（证书）很少变更，威胁行动者在获得它们后，就能渗透到环境中并永久性潜伏下去，直到被发现、服务被终止或设备密码被更改。另外，这些凭证通常由第三方在网络搭建期间配置，因此被泄露给了除员工外的其他人，这带来了另一个不必要的风险。

更糟糕的是，对于使用 WPA2 或 WEP 的不安全的无线网络，口令短语泄露的可能性将随时间的推移不断增大。使用它的设备越多，知道它的人就越多，有人通过非法设备连接到网络的可能性就越大。如果无线网络没有与生产网络和敏感数据隔离，而组织又在公开场合发布 SSID 口令短语，让任何能够进入该场合的人都能获悉，后果将更加严重。对于 WPA2 等共享设备密码，推荐的做法是采取额外的安全措施来缓解相关的威胁。

- 将无线网络与生产网络隔离。

- 在所有无线设备上安装证书，用于证明设备是合法的。

- 使用目录存储进行集中认证，只有通过认证的设备才能访问公司无线网络。在合适的情况下，使用多因子认证。

请注意，对于被隔离、受到监控并获得批准的来宾无线网络，可能无须采取这些措施。

对于合法的设备后门账户，与将密码存储在每台笔记本中相比，更安全的做法是，将笔记本序列号和后门密码放在电子表格中，再将该文件加密并存储在私有共享中。在密码从不更改时尤其如此。另外，仅采取这种方式来确保这些账户的安全时，不在这个电子表格中包含个人身份信息会有所帮助，因为仅当能够将密码关联到拥有者时，威胁行动者才能使用它们来发起攻击。然而，这并非最佳安全实践。推荐的做法（最佳实践）是，将所有这些信息都存储在企业密码管理器中，而不是平面文件中。表 3-1 演示了这种做法，但别忘了，并不推荐这样做，因为这暴露了所有的密码。在这个示例中，只在文件中列出了设备序列号，而没有列出主机名，这在文件安全的基础上增加了一项安全措施，因为威胁行动者要使用这些数据来发起攻击，必须将其关联到用户和/或设备。

表 3-1   一个经过模糊处理的电子表格，其中包含设备序列号和密码

设备序列号	服务台密码	资产标签
XdM7Gt	1503VaBm@!	2036
pl00hG3	9802pbWd^%	2020
lKJ678	pbUl7650!!	2049
lM7WQ4	rnss1209)*	3069

3.9   别名

每个人都是独一无二的，不可能与另外一个人完全相同，即便是双胞胎。当今的生物识别技术并不一定能够将你与其他人区分开来，想想人脸识别技术面对双胞胎的情形就明白了。在数字领域，可将人类的身份关联到多个别名（化身、画像），并赋予不同的特权。信息技术用户可以有多个别名，就像可以有多个 E-mail 地址一样。别名是账户及其凭证的另一种表示，例如，John Titor 可能有一个名为 jtitor 的账户，但其别名可能是 TimeTraveler2036。对于个人账户，可能有多个别名，但对于工作账户，有多个别名的可能性不大。通常，很容易将工作账户名关联到身份（别名）。别名是独特的用户标识，但归根结底它只是账户及其角色的另一种描述。令人惊讶的是，无论是人类身份还是非人类身份，都可以有别名。

对于别名及其相关联的账户，可赋予不同的特权。如果进一步扩大这个概念，可将别名视为账户的用户名。你可能有日常账户（标准用户），它是根据你的姓名命名的；还可能有管理账户（特权更大的账户），其用户名包含指出这是特权账户的前缀或后缀。例如，我的标准用户账户可能是 jtitor，而我的管理账户可能是 jtitor-admin。这些账户都是我的身份的别名，不应使用相同的密码。

涉及多个操作系统和目录服务时，这个概念将变得非常重要。不同操作系统和应用程序的复杂度要求与命名约定不同，因此很容易出现账户不同步的情形。即用户有多个别名，分别用于 UNIX、Linux、Windows、Mac、iOS 和 Android 系统以及各种社交媒体和应用程序中。

从威胁攻击者的角度看，别名可能妨碍威胁行动者得逞，在所有别名和密码都不同时尤其如此。例如，在 Windows 系统中，John 的账户可能是 *jtitor@corpdomain.com*，但在 Linux 系统中可能是 *johntitor*。这加大了在资源之间横向移动的难度，因为要在环境中导航，威胁行动者必须知道不同平台中的别名。这是件好事，但给开发和运营工作带来了麻烦。将各种别名（账户）关联到身份可能是场噩梦，同时由于未同步的本地账户数量众多，可能留下安全漏洞（从非法账户到休眠账户）。有鉴于此，最佳的安全实践是，使用域账户而不是本地账户来管理系统，因为这种账户更容易控制、管理、记录、审计、跟踪和维护。将身份关联到本地账户时，如果每个操作系统都使用不同的命名方案来创建别名，情况将更加糟糕。换句话说，这意味着 John 可能有多个账户，这些账户名是根据 John 的姓名以不同的方式组合而成的。因此，最好确保所有资源采用的别名命名方案都相同，并让所有平台都通过统一的目录存储进行认证。这可最大限度地降低账户管理负担，同时避免别名数量剧增的情况发生。

从特权攻击向量的角度看，账户及其关联的别名越少，用户的行为就越透明。这是目录服务桥接技术的用武之地，它让你能够使用单个目录存储（如活动目录）为所有支持的平台和应用程序提供认证服务，并基于统一的别名（如 jtitor-admin）和密码（或双因子认证）进行认证与授权。这意味着在所有地方，都使用统一的管理别名向同一个目录存储认证（在这种模型中，不在本地存储密码），并可随时随地地生成有关用户的认证报告（attestation report），因为只需查询一个别名，而不是多个别名。如果不使用目录桥接技术，每位用户都将有多个别名，同时每个资源都必须在本地存储密码，以便对用户进行认证。这给威胁行动者提供了另一个可用来破解密码的攻击向量，而通过使用目录桥接技术，可降低这种风险。

对任何组织来说，最大限度地减少与人类用户相关联的别名都是一种最佳实践。由此很容易做出如下推论：最大限度地减少与身份相关联的账户数量也是一种最佳实践。如果能删除管理账户，只保留标准用户账户，那就更好了，这将在本书后面介绍。

图 3-3 演示了如何在实际环境中使用别名。该图表明，通过给批处理用户指定别名，可让人不容易看出与之相关联的是一个管理账户。

图 3-3   给批处理用户指定管理别名

3.10   将电子邮件地址用作用户名

在未来的 10 年中，基于身份的攻击向量将是消费者和企业面临的第二大风险。这种风险的特点之一是，它与"用户让同一个用户名承担众多不同的角色"相关。简单地说，如果一个人将其 E-mail 地址用作账户的用户名，并使用它来访问所有的资源，则出现事故的风险将很高。为了攻击使用单个账户的用户，威胁行动者可使用基于 E-mail 地址的账户来访问其他资源，然后再可尝试使用各种技术，如暴力破解、喷洒式攻击（spray attack）和撞库（credential stuffing）来破解密码（这将在第 4 章介绍）。如果用户使用不同的 E-mail 地址来登录不同类型的资源，则在攻陷用于访问一类资源的账户后，并不一定能够使用它来访问其他资源。因为威胁行动者没有可供使用的 E-mail 地址（账户用户名），除非他能获悉用户的所有E-mail 地址。

在企业中，这些不同的账户通常由身份治理解决方案管理，并被赋予不同的业务或信息技术角色。消费者通常使用一个账户（E-mail 地址）来访问风险程度各不相同的各种资源，这是个问题。将 E-mail 地址用作账户用户名时，消费者应采用类似于企业的模型，在家里至少使用 4 个 E-mail 地址，而在单位至少使用两个。这与企业根据风险和特权使用多个账户进行不同类型的应用程序访问很像。因此，对于消费者，建议至少使用 4 个不同的 E-mail 地址来访问互联网上的各种资源，这旨在将来自不同来源的邮件分开，同时防止将基于 E-mail 地址的用户名

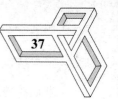

用作凭证，进而暴露少量但重要的个人身份信息。

● 第一个 E-mail 地址与各种敏感账户（在企业中，是特权账户）相关联。这些账户可能用于访问银行或财务应用程序，该 E-mail 地址专门用于认证和访问这些应用程序。除方便登录外，这还有助于判断收到的邮件是否合法。如果你的其他 E-mail 地址收到了钓鱼邮件，可立刻确定它是伪造的，因为这些 E-mail 地址没有关联到上述账户。安全意识极强的消费者可能使用不同的基于 E-mail 地址的账户来访问不同的敏感系统，这取决于其中包含的数据。

● 第二个 E-mail 地址专用于个人通信（在企业中，这对应于标准用户账户），这包括与家人、朋友的通信，还有其他社交活动涉及的通信。这个 E-mail 地址只用于收发 E-mail，换而言之，不应将其用于登录（认证）。对于发送到这个地址的欺诈邮件，很容易确定它是垃圾邮件。

● 第三个 E-mail 地址用于接收宣传邮件（junk email）。在企业中，没有与之对应的账户，但它大致相当于公司的公开 E-mail 地址，如 sales@domain.com 或 support@domain.com。在这里，宣传邮件的含义非常广泛，包括网站频繁发送的促销邮件和没有恶意的垃圾邮件。对于所有应用程序和网站发送的优惠券、通知、促销信息以及其他类型的商业信息，都应使用这个 E-mail 地址来接收。建议不要用这个 E-mail 地址来从事其他活动，也不能使用它来购物。对于经常访问的电子商务网站，你使用的是敏感账户，因为它知道你的信用卡号码，但在其他网站，务必考虑以访客（Guest）身份购物，以免它存储你的凭证、信用卡号和地址。这个 E-mail 地址只用于接收宣传邮件，千万不要将任何敏感信息与之相关联。

● 最后，第四个 E-mail 地址相对简单，它只用于与雇主以及本地、州和联邦政府机构相关的邮件（这相当于域管理员或本地管理员）。你将这个专用 E-mail 地址告诉雇主或政府机构，让它们将与健康医疗、税务、公共事业账单或其他官方信息相关的邮件发送给到这个地址。这个 E-mail 地址专用于上述用途，任何与这些用途无关的邮件肯定是垃圾邮件。

对消费者来说，使用 4 个不同的 E-mail 地址有些极端，但这有助于使用不同的 E-mail 地址来收发不同的邮件以及进行 Web 认证。这种做法的灵感来自当今企业同时使用特权账户和标准用户账户的做法。现代邮件应用程序都支持使用多个 E-mail 地址来将邮件分开，这包括 Microsoft Outlook、Android Gmail 和 Apple Mail。知道每个 E-mail 地址接收的邮件类型后，有助于避开垃圾邮件、钓鱼攻击以及其他可能导致身份被攻陷的凭证攻击。威胁行动者攻陷你的个人身份后，就可利用你的资产来攻陷共享资源（如第 16 章将介绍的自带设备［BYOD］），进而获取企业资源的访问权。根据你使用的在线资源（这包括社交媒体以及诸如约会网站等其他类型的高风险应用程序），你可能使用更多的基于 E-mail 地址的账户，以便在你扮演不同角色时使用不同的账户。这将把来自高风险网站的通信隔离，并在网站或通信被攻陷或成了负担时，轻松地删除或禁用相应的账户。总之，这里遵循的经验法则是，就像在工作中一样，不要使用单个账户（E-mail 地址）来做所有的事情。换而言之，办理银行业务、访问约会网站或社交媒体以及工作时，应分别使用不同的 E-mail 账户。

最后，如果你访问的互联网资源允许创建独特的用户名，并使用它（而不是 E-mail 地址）来登录，请充分利用这一点。独特的用户名就是别名，让每种基于 Web 的服务没有相同的登录用户名，这可让你的身份变得更加模糊，从而消除大部分威胁，只剩下基于 E-mail 通信的威胁。请尽可能使用不同的账户用户名，并基于账户名对 E-mail 进行监控，这有助于防范钓鱼攻击以及基于身份的攻击向量。不用说，每个账户的密码都应不同，而且是复杂的，同时千万不要重用密码。

无论凭证是如何实现的，特权访问管理都不仅涉及密码管理，还涉及很多其他方面。在当今这个时代，特权管理无处不在。只要特权账户存在并被使用，就必须对其进行严密的管理和监控，即便存在和使用的时间很短。

第 4 章

攻击向量

攻击向量是一种技术,威胁行动者、黑客或攻击者可通过它来访问系统、应用程序或资源,进而实施恶意行为。这包括安装恶意软件、篡改文件或数据以及实施某种形式的侦查。攻击向量让威胁行动者能够利用系统漏洞、不当配置和窃取的凭证来攻陷系统。攻击向量包括人的因素,这些因素的表现形式为欺骗、社交工程乃至身体特征,如伪造的身份识别卡(identification badge)。攻击向量包括恶意软件、恶意邮件、受感染的网页、短信、社交工程以及众多其他形式的欺骗。除社交工程外,所有这些方法都通过蓄意编写软件来打造有计划的攻击向量,以利用资源达到恶意目的。

诸如防火墙和终端保护解决方案等技术最初是为阻止这些攻击向量而设计的,但近年来,由于威胁行动者的攻击手法和意图发生了变化,这些技术已无力应对。任何一种保护方案都无法防范所有的攻击,今天管用的防御策略到明天可能就不管用了,因为威胁行动者的攻击花样翻新、目标明确,竭尽所能地突破安全极限,力图获得对系统和资源的未经授权访问。为达到这种目的,特权攻击最常使用的恶意载荷是恶意软件,设计这些恶意软件的目的是窃取凭证,以永久地潜伏下去,进而实施横向移动。如果将攻击向量视为指向目标的枪管,那么其载荷就是穿透目标的子弹。这种比喻是假设有人端着枪,因此攻击并不是随机的或机会主义式的。然而,在当今的世界,很多攻击是滥杀滥伤的。

4.1　密码破解

威胁行动者可使用多种方法来破解密码。破解密码后,如果相应的账户被授予管理员特权,威胁行动者就能获得同样的特权。这是为何要对环境中的管理员账户数量进行限制,以最大限度地缩小攻击面的另一个原因。破解管理员账户后,威胁行动者便可轻而易举绕过其他安全措施进行横向移动，力图破解当前系统或远程系统的其他特权账户的密码。请不要将密码破解与本书前面讨论的密码暴露（如共享密码以及将密码记录在不安全的地方）混为一谈。密码破解是一种攻击行为，其中攻击者为破解或获悉密码，会使用各种编程方法和自动化技术，这将在接下来的几节讨论。

4.2　猜测

最流行的密码破解技术之一就是密码猜测攻击。除非密码是通用的，或者是字典中的单词，否则仅靠乱猜一气很难得逞。从某种意义上说，密码猜测是门艺术，但如果威胁行动者知道有关目标身份的信息，便可提高猜对密码的可能性。这些信息可能是通过社交媒体、直接交互、欺骗性谈话收集的，也可能是通过整理以前泄露的数据得到的。下面是一些最常用的密码创建方法，使用这些方法创建的密码很容易被猜出来。

- 使用单词 password 或其简单变种，如典型密码字典中没有的 passw0rd。

- 根据账户所有者的姓名生成，如首字母缩写。对这样生成的密码，可能做细微的修改，如添加数字和特殊字符。

- 用户或其亲属（最常见的是后代）的生日或其变种。

- 难忘的地点或事件。

- 亲属的名字以及包含数字或特殊字符的亲属名字的变种。

- 宠物、颜色、食品或对用户来说很重要的其他物品。

即便不利用自动化技术来反复猜测，威胁行动者也可能猜对密码。这种密码破解方法是劳动密集型的，成功的概率不确定。另外，密码猜测攻击通常会在事件日志中留下证据，导致猜测 n 次后账户被锁定。为获取有关目标的详细信息，威胁行动者通常需要做详尽的调查或者能够获得内幕消息。如果目标是普通人，猜测过程可能就是一个试错游戏。另外，如果账户所有者未遵循最佳实践，在不同的资源中使用相同的密码，则面临的密码猜测和横向移动风险将急剧增加。设想一下，有人使用一两个简单的密码来访问所有数字资源。令人遗憾的是，这样的人很多。

4.3　肩窥

肩窥（shoulder surfing）指的是威胁行动者通过观察来获悉凭证，这包括在目标用户输入密码和个人识别码以及绘制图案密码时进行观察，还包括在用户在便签上记录密码时进行观察。这个概念很简单，它指的是威胁行动者通过肉眼观察或通过电子设备（如摄像头）监视来获悉密码，进而使用获悉的密码发起攻击。有鉴于此，建议在 ATM 机上输入 PIN 时进行遮盖，以防附近的威胁行动者通过肩窥获悉你的 PIN。

肩窥是最古老的特权攻击向量之一，也是利用起来最容易的攻击向量之一，因为威胁行动者只需想办法在目标用户在数据输入设备上输入密码信息（密码、PIN 等）时进行监视即可。

4.4　字典攻击

不同于密码猜测，字典攻击是一种自动化方法，它利用一个密码列表来破解合法账户的密码。密码列表是一个字典（但不包括对单词的定义），简单密码破解器使用这些只包含常见单词（如 baseball）的密码列表来破解密码或账户。如果威胁行动者熟悉要攻陷的资源，如密码的长度和复杂性要求，就可对字典进行定制，使其更有针对性。因此，较高级的破解程序通常使用这样的字典，即除常见单词外，还包含将数字或常用符号作为前缀或后缀的内容，这旨在模仿有复杂度要求的真实密码。有效的字典攻击工具可让威胁行动者采取如下措施：

● 设置长度要求、字符要求和字符集；

● 手工添加单词，从姓名到可识别个人的其他单词；

● 包含常用单词的常见错误拼写；

● 使用多种语言的字典。

字典攻击的一个弱点是依赖于默认字典提供的真实单词和变种。如果密码并非真实的单词、使用了多种语言或者包含多个单词，字典攻击就无法得逞。字典攻击要获得成功，需要尝试的排列组合实在是太多了。

另外，威胁行动者还可使用各种与字典攻击互补的攻击方法。如果攻击者知道用于对密码进行加密的哈希算法，可使用彩虹表（rainbow table）执行逆向工程，根据哈希确定密码（如果密码哈希表被暴露）。最近的数据泄露事故暴露了大量的密码哈希，但如果不知道使用的加密算法，且没有某种形式的种子信息，彩虹表以及类似的方法将毫无用处。

最后，为了缓解字典攻击带来的威胁，最常用的方法是设置账户锁定前的尝试次数。也就是在尝试指定的次数后，账户将自动锁定一段时间。而要解锁账户，需要由相关人士（如服务台工作人员）手工进行，或通过自动化的密码重置解决方案完成。然而，在很多环境中，账户锁定前的尝试次数设置可能会给业务带来意外的影响，在账户为非人类账户时尤其如此。有鉴于此，这种设置有时会被禁用。在这种情况下，如果没有将登录失败写入事件日志，对威胁行动者来说，字典攻击将是一个很有效的攻击向量，在特权账户未启用这种设置时尤其如此。

4.5　暴力破解

暴力密码攻击是效率最低的密码破解方法，通常仅在万不得已时采用。根据定义，暴力密码攻击利用编程方法来尝试所有的密码组合。在密码很短、很简单时，这种方法很有效，但只要密码包含的字符数超过 8 个，这种方法就几乎行不通，即便使用最快的现代系统。如果密码只包含字母字符且全部大写或小写（而不是大小写混合），则需猜测 26^7（8031810176）次（成功的可能性高于买彩票中大奖），前提条件是攻击者知道密码的长度。影响猜测次数的其他因素包括：密码中是否包含数字和其他特殊字符；密码是否是大小写混合的。实际上，只要参数设置合适，暴力攻击总能找出密码。问题是需要多长时间才能找出密码，而这个时间不仅取决于生成所有可能的密码组合所需的时间，还取决于目标系统在登录尝试失败后的挑战和响应时间。在尝试暴力破解密码时，真正重要的是最后一个延退时间（即登录尝试失败后的挑战和响应时间）。

4.6　哈希传递

哈希传递（Pass the Hash，PtH）让攻击者能够使用 NT LAN 管理器（NTLM）

中的密码哈希（而不是账户的实际密码）向资源认证。当威胁行动者利用各种方法（如抓取系统的内存）获得有效用户名和密码散列后，便可使用这些凭证向使用 LM 或 NTLM 认证的远程服务器或服务进行认证。这种攻击利用了该认证协议的一个实现缺陷：密码哈希在整个会话期间保持不变，直到密码被修改。对于几乎所有接受 LM 或 NTLM 认证的服务器或服务，都可发起 PtH 攻击，而不管它使用的是 Windows、UNIX、Linux 还是其他操作系统。在现代系统中，可采取众多措施来防范这种攻击，但考虑到前述实现缺陷，频繁地修改密码（每次交互式会话后都修改）是一个不错的防范措施，这可确保每次会话的密码哈希都不同。对于这种攻击，能够频繁轮换密码或定制安全令牌的密码管理解决方案也是一种不错的防范措施。可惜的是，现代恶意软件能够从内存中抓取哈希值，因此任何活动的用户、应用程序、服务或进程都是潜在的目标。获得哈希值后，威胁行动者就可使用 CnC 或其他自动化技术实施横向移动或数据偷运。

4.7 安全验证问题

为了验证用户，金融机构和商家常用的一种方法是提出安全验证问题，并要求用户通过提供隐私或个人信息来做出回答。用户新建账户时，很多组织都要求提供安全验证问题的正确答案，将其作为一种双因子认证形式。用户从新的地方登录、忘记密码或重置密码时，都会要求对安全验证问题做出回答。一些常见的安全验证问题如下。

- 你出生在哪座城市？

- 你就读的高中的吉祥物是什么？

- 你的第一辆车是什么车？

- 你最喜欢的食品是什么？

- 你母亲的娘家姓什么？

- 你养的第一个宠物叫什么？

- 你的初吻献给了谁？

然而，这些安全验证问题本身就存在严重的潜在风险。请想想下面这些场景。

- 对于上述每个问题，有多少人知道你的答案？

- 这些问题的答案是否可通过社交媒体、传记或学籍记录获得？

- 你是否在玩社交媒体游戏时透露过这些信息？

- 在以前发生的数据泄露事故中，安全验证问题及其可能的答案是否被窃取？

　　显然，知道你的安全验证问题答案的人越多，或者记录了这些答案的地方越多，他人能正确回答安全验证问题的可能性越大。另外，如果这些信息是公开的，安全验证问题根本就没什么作用。

　　当系统要求你指定安全验证问题时，建议你使用最隐晦的问题，其正确答案除了你没人知道。另外别忘了，不要在线分享类似的信息，也不要在其他使用同样安全验证问题的网站提供同样的答案。

　　使用相同的安全验证问题的答案与密码重用类似。安全验证问题的答案是有关用户的社会事实，可惜用户可能将其用于多个网站。如果你在多个网站使用相同的安全短语，威胁行动者攻陷你的 E-mail 或短信平台后，就可通过启动"忘记密码"处理流程在与你的身份相关联的账户之间横向移动。请不要使用相同的密码，对于不同类型的资源（银行、商家、朋友和宣传邮件），请使用不同的账户和 E-mail 地址，同时不要使用相同的安全验证问题，这将有助于防范基于安全验证问题和答案的攻击。

　　最后，如果安全验证问题的答案可从公开渠道获得，或者可能已被有恶意的人获悉，请考虑采取如下措施。

- 不要用英语回答安全验证问题。考虑使用可提高密码复杂度的方法来混淆你的答案，例如，如果你出生于 Orlando（奥兰多），在回答有关出生地的问题时，考虑将答案设置为 0rl@nd0。

- 回答安全验证问题时，考虑提供虚假信息。实际上，没有人会去检查你的答案。就像密码一样，通过撒一个弥天大谎来混淆安全验证问题的答案。例如，对于有关出生地的问题，可将回答设置为"月球"（TheMoon）。

- 如果需要在多个网站回答相同的安全验证问题（如出生在什么地方），考虑使用密码管理器来存储你在每个网站提供的不同答案。这好像有点偏执，但安全验证问题的答案就是一种密码，在每个网站使用不同的答案

可防范重用攻击。因此，对于有关出生地的问题，你在一个网站提供的
答案可能是 0rl@nd0，而在另一个网站提供的答案可能是"月球"。

4.8　撞库

　　撞库（credential stuffing）是一种自动化破解方法，它利用窃取的凭证（一系
列用户名［或 E-mail 地址］及其对应的密码）来获得对系统或资源的未经授权的
访问。这种方法通常以自动化的方式向 Web 应用程序提交大量的登录请求，并将
成功登录时使用的用户名和密码记录下来，供以后使用。撞库攻击并非要以暴力
或猜测方式破解密码，而只是使用标准的 Web 工具自动发起认证，并提供以前获
得的凭证。其结果是，可能需要做数百万次尝试才能确定用户是否重用了他在其
他网站或应用程序中使用的凭证。撞库攻击以重用密码的用户为目标，这种攻击
之所以有效，是因为在多个网站使用相同凭证的用户很多。

4.9　密码喷洒攻击

　　密码喷洒（password spraying）攻击是一种基于凭证的攻击，它试图结合使用
几个常用的密码和大量账户来获取访问权。从概念上说，这与暴力密码攻击相反，
因为暴力密码攻击试图将单个账户与大量密码组合来获得访问权。前面讨论过，
暴力密码攻击可能导致目标账户很快就被锁定。在密码喷洒攻击中，威胁行动者
先尝试一个常用密码（如 12345678 或 Passw0rd）与大量账户的组合，再尝试另一
个密码与这些账户的组合。从本质上说，威胁行动者将同一个密码与列表中的每
个用户账户组合，再将下一个密码与列表中的每个用户账户组合。这种做法让威
胁行动者能够不被发现，从而避免账户被锁定，还可避免使用同一个账户频繁登
录导致攻击被检测到。只要有用户或账户（人类账户或非人类账户）在密码卫生
（password hygiene）方面做得不好，威胁行动者就能够成功地渗透资源。在这些账
户中，如果有特权账户，这种攻击的成果将进一步扩大。

　　在现实世界中，对于没有对失败的登录尝试进行监控的基于云的应用程序，
密码喷洒攻击通常能够得逞。针对密码喷洒攻击，最佳的防范措施是，对于每个

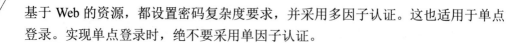

基于 Web 的资源，都设置密码复杂度要求，并采用多因子认证。这也适用于单点登录。实现单点登录时，绝不要采用单因子认证。

4.10　密码重置

你隔多长时间更改（不是重置）密码一次？在工作中是每隔 30 天还是 90 天？在家里呢？你多久轮换一次银行账户或社交媒体的密码？即便更改过，可能频率也不够高。令人惊讶的是，即便这样好像也没什么问题。

在没有密码管理器的情况下，确保所有密码足够复杂且不同，并频繁地轮换是项艰巨的任务，即便对久经沙场的安全专业人员来说亦如此。一种生成密码的模式是，在每次更改密码时都使用月份、年份、姓名的首字母缩写及一些特殊字符，以方便记忆。如果这种模式是独特的且别人不知道，风险可能不大，不过很容易被猜出来，因为这种模式是重复的。

不幸的是，重置密码（请不要将其与修改密码混为一谈）时可能会引入一些常见的风险，进而成为威胁行动者的目标。重置密码指的是被人强制修改密码，而不是用户自己主动修改密码。重置密码引入的风险包括：

● 重置时使用（前面讨论过的）基于模式的密码；

● 密码是通过 E-mail 或短信重置的，而重置后的密码会被用户保留下来；

● 密码是由服务台重置的，且每次被要求重置时都使用相同的密码；

● 每当账户被锁定时，都不分青红皂白地自动重置密码；

● 以大声口头交流的方式重置密码。

每次重置密码时，都是默认原来的密码存在风险，需要修改。原因可能是密码忘记了、过期了或由于尝试次数太多导致账户被锁定。密码的重置、传输和存储过程都存在风险，要消除这种风险，用户必须再次修改密码。同时，密码本身的安全性是未知的。威胁行动者攻陷身份后，可请求密码重置，进而给账户指定凭证。每当用户请求重置密码时，都应遵循如下最佳实践。

● 密码必须是完全随机的，并满足企业政策指定的复杂性要求。

● 用户首次使用重置的密码后必须更改密码，并使用多因子或多因子认证

（如果实现了的话）来验证用户的身份。

● 必须从安全的地方发出密码重置请求。对于企业（而不是个人）来说，公开的网站绝不应包括"忘记密码"链接。

● 通过 E-mail 重置密码时有一个前提，就是用户能够访问该 E-mail 以获取新密码。如果 E-mail 账户本身的密码需要重置，就需要通过其他途径，此时最佳的方法是通过电话口头重置。

● 不要使用短信，因为这种发送密码重置信息的方式不安全。

● 在可能的情况下，重置后的密码应该是暂时性的，即只在预先定义的时间内有效。如果用户在此期间未使用相应的账户，该账户将被锁定。

对于特权账户来说，频繁地修改其密码是一种最佳安全实践，但通过不安全的途径重置和传输密码不是。对很多用户来说，频繁地重置密码本身就是一种风险，因为密码重置可能是通过不安全的方式进行的。对个人账户来说，密码重置可能是威胁行动者为夺取账户而发起的，也可能是因为合法的原因导致用户需要重置密码。企业必须能够将威胁和合法需求区分开来。对于没有特权的标准用户账户，最新的 NIST 指南不建议定期更改密码，除非有迹象表明账户已被攻陷。

4.11 SIM 卡劫持

SIM 卡劫持是一种以移动设备的 SIM（用户识别模块）卡为目标的账户劫持和账户接管方式。SIM 卡通常是一块可拆卸的集成电路（但并非总是如此，诸如 iPhone 和 iPad 等设备将它们固化在不可拆卸的固件中），旨在安全地存储设备所有者的电话号码和身份（而不管设备的连接状态如何）。SIM 可劫持通常是通过电子方式实施的，无须拆卸 SIM 卡。接管账户的方式很多，其中包括：

● 通过伪造的无线接入点发起中间人攻击；

● 在用户购买替换设备时窃取身份；

● 利用通过语音或短信进行应答的双因子认证服务存在的弱点。

通过 SIM 劫持攻击，威胁行动者可捕获用户的 SIM 卡号，再对另一台设备重新编码，使其拥有同样的卡号，进而获得对用户设备的近乎完全访问（物理接触除外）。这让威胁行动者能够访问电话呼叫、短信、照片和应用程序数据。

由于用户（身份）与无线移动设备（资产）之间的关系通常是一对一的，因此威胁行动者获得的特权与被攻陷的用户相同。这意味着威胁行动者具有全面控制权，只要对设备进行刷机（root）或越狱（jailbreak），还可在被劫持的设备中安装远程软件。因此，一旦威胁行动者成功地对你的设备实施了 SIM 卡劫持，他便控制了你的设备，你使用它能够做的任何事情，威胁行动者也都能够做（从查看个人照片到访问工作资源）。这包括你在该移动设备本地使用的所有账户和密码，还有存储在个人密码管理器中的所有凭证。

最近几年，SIM 卡劫持已经成为一个重要的特权攻击向量，严重地威胁着身份安全。为防范这种攻击，最佳的做法是：

- 根据使用的电信运营商启用密码或 PIN，对 SIM 卡访问进行保护；

- 启用载波保护（carrier protection），以防止商店和零售商将 SIM 卡从一台设备转移到另一台设备；

- 禁用对未知无线运营商的漫游访问；

- 部署基于非短信的多因子认证解决方案，对应用程序和凭证进行保护，以防范基于文本的攻击（text-based attack）。

4.12　恶意软件

术语"恶意软件"（malware）是一个混合词，是通过将"恶意的"（malicious）和"软件"（software）裁减并组合而生成的。根据定义，恶意软件是为破坏设备、窃取数据以及导致资源行为异常而编写的计算机软件（包括固件、微代码等）。恶意软件通常是由威胁行动者创建的，目的是：

- 通过散布恶意软件本身或将其卖给暗网（dark web）上出价最高的人来牟利；

- 作为抗议、中断服务、传播真假新闻的手段；

- 作为概念验证手段，对既有的安全措施进行测试或利用；

- 充当恐怖分子或其他政治团体的战争武器；

- 从事商业间谍活动；

- 证明自己做得到，其动机是为了好玩或耀武扬威。

恶意软件分 8 大类。

- **Bug**：糟糕的软件编码导致的错误、缺陷、漏洞或意外的运行条件导致的故障，导致结果是不想要的或出乎意料。任何类型的软件（无论是本地应用程序还是网站）都可能存在 Bug。可被用来攻击应用程序及其数据的 Bug 被称为漏洞，而被用来利用漏洞的软件被称为漏洞利用程序（exploit）。需要注意的是，Bug 本身并非恶意软件，但被利用时同样会带来灾难。

- **蠕虫**：蠕虫依赖于 Bug、漏洞和漏洞利用程序将载荷和蠕虫传播到其他资源。蠕虫通常是通过隐藏在附件或下载文件中实施感染。一旦执行后，蠕虫能够扫描网络（或互联网），以便传播给其他易受攻击的系统。从设计方面说，蠕虫可能消耗大量带宽或悄无声息地缓慢运行。从意图上说，蠕虫可能让整个网络或 Web 服务器瘫痪。能够自动传播以感染多个系统的勒索软件也是蠕虫的一种。

- **病毒**：病毒是被神不知鬼不觉地加载到网站或计算机中的恶意软件。刚感染时可能难以确定病毒的意图，它们通常驻留在资源中，等到触发条件满足时才实施恶意行为。

- **僵尸程序（Bot）**：僵尸程序是为了执行特定任务而创建的目标明确的恶意软件程序。僵尸程序可被威胁行动者用来发送垃圾邮件，还可被用来实施分布式拒绝服务（DDoS），让整个网站、网络或基于互联网的服务瘫痪。

- **特洛伊木马**：特洛伊木马是一种根据希腊历史和特洛伊城命名的恶意软件。这种恶意软件很像神秘的特洛伊木马，它们将自己伪装成正常的文件或应用程序，以欺骗用户下载、打开或执行。其中的载荷可能启动其他任何形式的恶意软件，并让用户以为是在与合法的软件交互。

- **勒索软件**：勒索软件（将在第 17 章介绍），可让你无法访问自己的文件（这通常是通过加密实现的），进而要求你缴纳赎金（通常是数字和加密货币），之后威胁行动者才会放弃文件的控制。支付赎金后，威胁行动者会提供文件解密方法，让你能够重新访问资源（文件）。在有些情况下，支付赎金后，威胁行动者可能不信守承诺，让受害者人财两空。

- **广告软件**：广告软件是一种向用户自动播放他不想看到甚至非法的广告的恶意软件。如果用户单击广告，可能下载恶意软件、执行漏洞利用程序或将用户重定向到恶意网站。广告软件的目标是向用户暴露不合适的服务，并欺骗他们执行额外的步骤来加载其他恶意软件。

- **间谍软件**：间谍软件是一种监视用户行为的恶意软件，这可能包括监视用户的屏幕、捕获击键信息甚至启用相机和麦克风以实施侦查。然后将收集的信息通过互联网进行传输或存储在本地供威胁行动者以后检索。在当今世界，在威胁行动者使用的恶意软件中，间谍软件仅次于勒索软件，是排名第二的危险软件。

表 4-1 说明了上述各类恶意软件与网络安全三大支柱和攻击向量类型之间的映射关系。

表 4-1　恶意软件与网络安全三大支柱和攻击向量类型之间的映射关系

恶意软件	特权攻击向量	资产攻击向量	身份攻击向量
Bug	√	√	√
蠕虫	√	√	
病毒	√	√	√
僵尸程序	√	√	
特洛伊木马	√		√
勒索软件	√	√	√
广告软件			√
间谍软件			√

需要指出的是，有些恶意软件仅当用户与之交互时才能感染资源，而有些会利用资产的弱点或获取特权以达成其恶意目的。这就是将各类恶意软件映射到攻击向量类型的原因，也是攻击向量系列丛书总计包括三本的原因（每本介绍一种攻击向量）。在这 8 类恶意软件中，任何一类都可被其他攻击向量用作恶意软件传播机制。因此，为了在主机上执行或感染系统，大部分恶意软件都需要有管理特权。这也是特权访问的删除和管理不仅仅是将密码存储在保险箱中的另一个原因。

4.13　其他方法

如果没有遵守最佳安全实践，本书中每个不短于 8 个字母的单词都可能被用

于密码破解攻击。实际上，如果系统没有遵循基本的密码长度要求，每个短于
8 个字母的单词都可能用作密码。再加上这些单词的简单变种（混合大小写，
以及将特定字母替换为数字 [如将 o 替换为 0]）后，就得到了一个有限的列表，
其中包含可能有人将其用作密码的单词。自动化程序可系统地检查账户，确定
用户是否犯了一种常见的错误，使用了容易猜出的密码，或使用了默认密码（这
更糟糕）。这就是为何每年都有多种出版物列出用户最常用的密码的原因。尽管
这些是密码破解中的一些基本假设，但它们也与密码和特权保护相关，因此特
权访问管理（PAM）解决方案使用的是完全随机且极其复杂的密码。部署 PAM
解决方案后，威胁行动者要破解密码，只能使用暴力攻击或内存哈希抓取技术
（如 PtH 攻击）。所幸使用这些攻击的威胁行动者是少数派，因为大多数威胁行
动者都只是试图窃取密码。

在企业和政府机构最近遭遇的所有与密码相关的数据泄露事故中，原因大都
是因为密码重用、使用默认密码或密码保护不善。需要指出的是，还有很多其他
的密码窃取方法，它们可能利用多种技术，如水坑攻击和黄金票据攻击。攻击方
法很多，本书无法一一介绍，但它们都不是用于窃取密码的初始攻击向量（initial
attack vector）。诸如水坑攻击等方法要求先攻陷一个网站，以便窃取访问该网站的
用户的登录凭证，其中可能利用了社交工程，也可能没有。黄金票据攻击要求先
获得域控制器的管理权限。因为要创建额外的 Kerberos 证书，威胁行动者必须先
攻陷域管理员账户。

重要的经验教训是，威胁行动者总是能找到新的密码窃取方法。我们将给这
些方法加上好听的名字，并推荐防范它们的最佳实践。但无论使用什么方法，威
胁行动者的终极目标都是攻陷特权账户。

第5章
无密码认证

人机接口（Human Interface Device，HID）指的是用户与计算技术交互的接口，这个概念历史悠久，可追溯到数字键盘、大键盘乃至穿孔卡片。随着输出设备从折叠式记录纸变成显示器、触摸屏及其他形式的移动交互设备，显然需要限制对 HID 的访问。另外，为保护设备的数据和运行以及配置和其他可通过接口利用的资源，必须限制对 HID 的特权访问。限制范围甚至涵盖了简单的任务，如关闭资产的电源或插入 DVD。

5.1 无密码认证的物理方面

对资源的特权访问涉及两个方面：物理安全和电子安全。就拿键盘来说吧，通常没有采取防止潜在威胁行动者去按键的物理保护措施，而是依赖于软件来防止威胁行动者与设备中的应用程序交互。然而，情况并非总是这样的。在 Windows XP 于 2001 年 8 月推出之前，只需按 Ctrl + Alt + Delete 组合键就可重启操作系统或强制操作系统以基于终端的方式与用户交互。这可能绕过所有的安全措施，获得对资源的特权访问。多年前，软件就已取代物理方式，成为限制特权访问的主角。

然而，前面说的情况并非孤例，也不是老皇历。就拿移动设备使用的人脸识别技术来说吧，任何人在面向设备时，软件和生物特征传感器就会做出判断，决定是否授权它访问设备。如果这项技术按设计预期发挥作用，则应拒绝访问。然而，如果是双胞胎，即便是苹果的人脸识别技术，也可能被外貌类似的人欺骗。事实上，我的一些家庭成员能够相互将对方的最新 iPhone 解锁。在我看来，我的家人长得并不是很像，但人脸识别中基于属性（attribute-based）的技术认为他们足够像，因此使用这一 HID 技术将 iPhone 解锁了。

如果能接触到人机接口，威胁行动者就可能利用密码、生物特征或 HID 存在的漏洞发起攻击，进而通过横向移动和高级持续威胁（APT）建立桥头堡。因此，所有确保无密码认证安全的策略和技术都首先必须防范物理威胁。

5.2 围绕软件无密码身份验证的讨论

为确保无密码认证的安全，仅采取物理安全措施行不通，因为这将导致所有人都不使用无密码安全认证，而不仅仅是那些原本对资源有访问权或访问特权的人。解决之道并不显而易见，因为诸如手机等设备通常仅供一人使用，工作站也通常被分配给单个用户使用，但对于固定电话和其他办公设备，没有采取物理措施来限制对它们的使用。那么，谁可以使用（尤其是拥有特权）呢？如何使用 HID（在无须输入传统凭证的情况下）来实现这种限制呢？为了解决这个问题，仅使用生物特征识别还不够。诸如指纹识别和人脸识别等生物特征识别是一种单因子认证解决方案，其可信度不足以让你授予用户对敏感资源的访问特权，因为威胁行动者能够避开生物特征识别。我们需要的是某种形式的多因子认证，其具有极高的可信度，且是真正的无密码的。

为讨论这个问题，咱们先来看看你在别人眼中的人格（persona）。你在组织中的职位是什么？扮演着哪些角色？你是高管、副总裁、总监、经理、承包商还是唯一出资人（sole contributor）？你为组织的成功做出了多大贡献？你的角色是什么？是审计员、信息技术管理员、服务台工程师、销售、首席信息安全官还是别的？你的职位和角色决定了你的特权等级以及认证所需的可信度。无论使用的是无密码认证还是凭证认证（可能是多因子认证，也可能不是多因子认证），也不管采用的是哪种特权访问策略，都是如此。这里之所以指出这一点，是因为在任何情况下都如此，而无密码认证模型常常忽略这一点。

你在组织中的专业头衔越高，拥有的访问特权就应越小。同时，应该对你拥有的访问特权进行限制，不能是管理员用户或 root 用户。换言之，在大多数组织中，CEO（实际上是整个最高管理层）既不应拥有访问特权，也不能不受限制地使用特权凭证。

沿组织结构向下移动时，应根据角色授予访问特权，并遵守最小特权访问模型。最小特权模型（将在本书后面讨论）规定，对于特定的角色，应只授予对其完成职责所必需的特权。

这一点也适用于中层管理人员。对资源的访问特权应只授予实际使用该资源的团队成员,而不授予其他任何人,除非出现紧急情况或"打破玻璃"场景。

另外,这些特权用户账户不应是长期的(always-on),即这些账户不应始终用于访问特权。在大多数组织中,长期的特权访问模型仍然是其中默认做法,这极大地增加了风险面,因为这些账户始终拥有特权,这带来了因误用引发的潜在威胁,无论这种误用是有意的还是无意的。最佳实践是采用即时(Just-In-Time)特权访问模型(这也将在本书后面讨论),这可确保账户的安全,因为仅在账户需要执行授权操作时,才在有限的时间内激活它们。这是一种临时的特权管理方法,天然地限制了特权访问,在认证方式为无密码认证时尤其如此。

这又将我们带回到了前面有关无密码认证的软件方面的讨论。仅当角色需要特权时,才授予特权。除非满足如下条件,否则不应激活特权:

● 工作流程要求激活特权;

● 无密码认证模型的可信度很高;

● 发出访问请求的身份正确无误,并使用多因子认证方法确定用户没有受到欺骗。

图 5-1 所示为通过职级和可信度说明了这种特权模型。

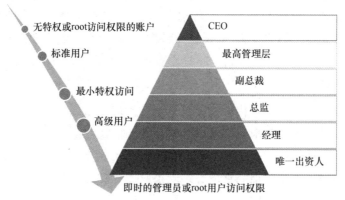

图 5-1 访问特权与公司组织结构的关系

虽然这个模型总是存在例外情况,但无密码认证模型还应考虑适当访问的另一个方面，即在什么地方可以使用它们。对 HID 来说，这是个问题，因此为正确地认证用户，需要考虑基于角色的访问和基于属性的访问。这是一个与上下文和可信度相关的问题。例如，与员工角色不匹配的资源不应有特权账户。归最高管理层所有的资源绝对不应有特权账户。另外，如果这些资源试图进行无密码认证，应认为可能受到了攻击，因为最高管理层不应使用它们。这也包括所有与访问相关的上下文数据，如地理位置、源 IP 地址、时间、请求访问的设备等。无密码认证必须超越凭证认证，不在批准访问方面采取非黑即白的做法。

5.3 对无密码认证的要求

最后，对于无密码认证，不管你选择什么样的解决方案和模型，都应考虑如下几点。

- 使用 HID 时，应根据输入方法对所有无密码认证进行监控。即认证请求是来自另一个应用程序还是 HID？如果是后者，是什么 HID？

- 用于提权的方法与无密码认证模型本身一样重要，因为威胁行动者很少通过键盘输入来进行非法使用，而是利用恶意软件、脚本或攻陷的应用程序自动实施。另外，几乎所有的攻击都利用了某种形式的远程访问。

- 无密码认证的物理安全性与其电子特征一样重要。

- 无论是哪种无密码认证安全模型，其安全性都不可能超过底层操作系统、基础设施和支持的资源。如果托管无密的认证模型的平台本身是脆弱的，则无论使用哪种无密码认证模型，都可能被威胁行动者避开。因此，请考虑如何维护、更新和加固平台。

- 所有无密码认证解决方案都应集成基于角色的访问模型和基于属性的访问模型。认证技术即便是无密码的，也应支持多因子解决方案，并与其协同工作，以确保认证的高可信度。

- 无密码技术必须是上下文感知的（context-aware），这样才能根据用户的情况判断授予的访问权是否合适。无密码技术必须是 HID 感知的（HID-aware），对特权访问来说尤其如此。

- 无密码认证技术必须是身份感知和角色感知的，在它能够与目录存储解

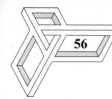

决方案和身份治理解决方案集成时尤其如此。

- 无密码认证依靠算法来提供认证的可信度，它不像使用用户名和密码组合时那样非黑即白。如果你的组织打算实现无密码认证，应要求供应商对其提供的解决方案基于的算法或专利做出解释，并提供有关其准确性的测试或证明。如果供应商拒绝这样做，或者其解决方案是专用的，请转而考虑其他解决方案。因为你要依靠某种形式的数学模型来进行用户认证，因此至少要对其工作原理有基本了解。如果你打算拿起法律的武器对非法访问进行起诉，这一点尤其重要。

- 最后，无密码认证授予的特权越大，这种技术本身的可信度就必须越高，这就是在组织中需要对角色、特权和工作头衔进行细分的原因。因此，可以肯定地说，无密码认证并非适合组织中的每个人。

有些读者可能对上述讨论和分析感到陌生，但在很多部署了特权访问管理（PAM）解决方案的组织中，无密码认证绝对是行得通的。选择的 PAM 必须根据角色、职位、HID 和上下文进行管理，这样才能确保无密码认证模型在任何时候对任何人来说都是安全的。

5.4　无密码认证的现实

虽然存在一种将密码和传统凭证从认证过程中消除的趋势，而且很多新出现的解决方案也宣称要这样做，但很多这样的技术依然是非黑即白的：结果总是二选一，要么通过了认证，要么没有通过。虽然可利用上下文感知和精致的算法来限制访问（这在前面介绍过），但用户依然必须进行认证。尽管可根据用户的位置限制其对资源的访问，以及根据用户使用的设备只允许他访问特定的资源，但用户终归要进行非黑即白的认证。建立在既有解决方案基础之上的新兴技术，如生物特征识别、键盘响应时间乃至多因子认证，也将认证结果归结为非黑即白。在这些技术中，很多带来了新的安全问题，还有一些存在固有的缺陷。图 5-2 概述了当前流行的无密码认证技术。

- **生物特征识别**：这种技术被很多技术专家视为凭证替代品中的"圣杯"。每个人的生物特征好像都应该是独一无二的，但事实证明，指纹可能重复，人脸识别能够避开，而存储生物特征信息的数据库可能被窃取，供以后实施恶意行为。因此，对特权访问来说，仅使用生物特征识别这种认证机制绝非什么好主意，因为单独使用时，这是一种单因子认证技术。在允许特权访问前，务必将生物特征识别与多因子认证技术结合起来使用。

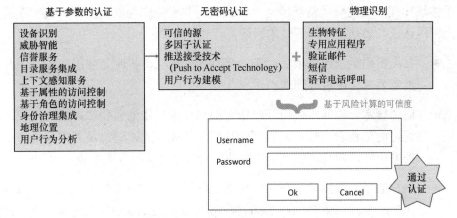

图 5-2   无密码认证机制示例

- **击键计时（Keystroke Timing）**：这是一种申请了专利的新兴技术，它根据用户的敲击键盘的速度来进行认证。令人惊讶的是，这种方法的结果非常好，但在用户受到胁迫时，存在一定的误报率。例如，如果用户的手受伤了，或者因为一只手拿着东西而只用一只手输入时，这些模型将在认证用户时踌躇不决，因为以前记录的模式和速率不是这样的。需要针对这种情形重新训练该技术中的机器学习部分。在这种认证方法不可行时，唯一可行的备用机制是使用传统的凭证（当然，对于特权访问，需要使用多因子认证）。

- **联邦服务（Federated Service）**：一种比较有发展前景的方法，结合使用了单点登录和多因子认证技术。这种方法只要求用户使用可信的传统机制向联邦服务认证一次。这种服务可能基于传统凭证，同时包含位于云端的其他多因子技术。一边通过认证，将使用用户的地理位置、设备、资产风险、时间和日期等向其他服务和应用程序认证。这个过程可能是无缝的，也可能依赖于发送给专用移动应用程序的双因子码（two-factor code）、短信（考虑到 SIM 卡劫持攻击，这种方式不安全）或其他方式来授权建立新会话。在采用这种技术方面，Facebook 等社交媒体以及 Google 始终站在最前沿，但除 Microsoft Active Directory Federation Services、

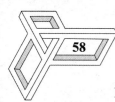

Microsoft Live 和 Microsoft Hello 外，这些模型的普及速度很慢，很多组织都不太信任这种方法，除非同时部署了专用的多因子认证解决方案。

当前，在操作系统、应用程序和认证标准中，无密码解决方案依然在幕后依赖于传统凭证。它们只是新增了一个认证层，并不能完全取代凭证。要实现真正的无密码认证，必须解决如下技术问题。

- 在无密码认证层失败后，唯一可行的备用认证机制是使用凭证，因此依然需要对凭证进行管理。

- 遗留技术（以及本书出版时所有的新技术）依然需要在幕后使用凭证，这可能是管理员账户，也可能是服务凭证。无密码解决方案只是一个新的安全层，而且可能是不兼容的，对自定义应用程序来说尤其如此。

- 用户的手、眼或脸受伤后，可能无法通过生物特征识别认证。Microsoft Hello、Samsung Galaxy Note 和 Apple iPhones FaceID 是将这些技术推向消费者的第一代产品，但这些技术的可靠性、误报率和漏报率决定了它们是否是可接受的无密码解决方案。

对威胁行动者来说，无密码解决方案带来的挑战比传统凭证严峻得多，导致他们更难以获得特权访问。然而，最近的选举攻击事件表明，在有些情况下，与其去攻击部署了无密码认证技术的组织，不如将这种技术的供应商作为目标。如果能够窃取生物特征数据库，找出工具本身存在的缺陷或漏洞，进而攻陷无密码解决方案，或者能够在移动设备上安装恶意软件，最终效果将几乎完全相同。

第6章

提权

通过认证并建立会话后（无论会话是合法的，还是通过本书前面讨论的攻击非法建立的），威胁行动者的目标通常是提权（elevate privilege）和提取数据。图 6-1 基于我们一直在讨论的模型说明了这一点。标准用户通常无权访问数据库、敏感文件以及其他价值巨大的资源。那么，威胁行动者如何在环境中导航，进而获得管理员特权或根用户特权，并将它们作为攻击向量呢？主要的方法有 5 种：

- 凭证利用；

- 漏洞和漏洞利用程序；

- 配置不当；

- 恶意软件；

- 社交工程。

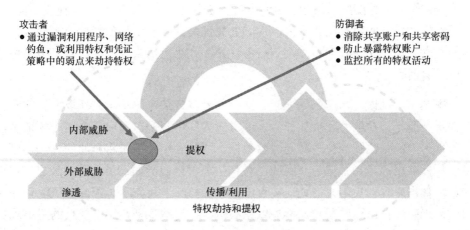

图 6-1　特权劫持和提权

另外，有些安全解决方案的设计初衷原本是要防范这些威胁的，但如果未经加固或维护不善，则可能被威胁行动者使用上述方法加以利用。

6.1　凭证利用

前面说过，有效的凭证让你能够通过认证，进而访问资源。这就是认证的作用。然而，如果知道用户名，可使用破解技术来获得账户的密码。威胁行动者通常将管理员或高管作为目标，因为他们的凭证具备直接访问敏感数据和系统的特权，能够让威胁行动者在不引起怀疑的情况下横向移动。威胁行动者要想得逞，在不被发现的情况下行事至关重要。他们首先需要做的是渗透——在环境中建立据点。建立据点的方式很多，从利用安全补丁的缺失到社交工程。成功渗透后，威胁行动者通常会实施侦查，并耐心等待达成后续目标的机会。威胁行动者通常会选择阻力最小的路径，并采取措施将痕迹消除，以便继续潜伏下去。无论是遮盖源 IP 地址还是基于使用的凭证来删除相关的日志，只要发现威胁行动者的蛛丝马迹，就可能昭示着系统被攻陷。组织可根据这些蛛丝马迹来阻止威胁行动者的下一步行动，或通过监控进行法庭取证。

发现受到攻击后，可采取的措施很多，但这些不在本书的讨论范围之内。攻陷凭证后，攻击者就可获得相应账户的所有特权。发现凭证被攻陷后，首先要做的是重置密码，并重装受影响的系统（涉及服务器时更应这样做）。然而，仅让用户修改密码并非总能解决问题，因为攻击者获取凭证时可能使用了其他攻击向量，如恶意软件。对威胁行动者来说，攻陷的凭证是最容易实施的特权攻击向量，因为相关联的账户（从管理员账户到服务账户）几乎可用来控制现代信息技术环境的方方面面。

本书前面讨论过，窃取凭证的方式种类繁多，从密码重用到抓取内存的恶意软件不一而足。窃取管理员凭证后，便可直接利用资源。窃取标准用户凭证后，可根据用户的角色和职位，访问敏感数据。通过利用接下来将介绍的方法，可将特权从标准用户提到管理员。因此，对有些公司来说，如果最敏感的账户（域管理员、数据库管理员等）的凭证被攻陷，可能意味着玩完了，因此在风险评估期间必须正确地找出这些账户，再加以精心保护。这些凭证是用于提权的主要攻击向量，必须在 PAM 中优先加以保护。

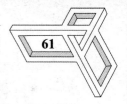

6.2 漏洞和漏洞利用程序

仅有漏洞本身并不意味着特权攻击就能得逞。实际上，漏洞只是意味着存在风险，而该风险可能会让攻击可能得逞。漏洞不过是错误而已，而且这可能是代码错误、设计错误、实施错误或配置错误，可被用来实施恶意行为。因此，如果没有漏洞利用程序，漏洞不过是潜在的问题，并在风险评估过程中用来估计可能发生的情况。漏洞的潜在风险可能很小，也可能是灾难性的，这取决于漏洞本身、可用的漏洞利用程序以及评估方式。虽然实际的风险评估并非这么简单，但这为评估特权攻击向量提供了基本方法。并非所有漏洞和漏洞利用程序的风险都是一样的，相关攻击向量的有效性取决于漏洞本身以及执行漏洞利用程序的用户或应用程序的特权。

例如，对于操作系统漏洞，通过标准用户还是管理员来执行漏洞利用程序带来的风险存在天壤之别。以标准用户的身份执行时，漏洞利用程序可能根本不管用，因为此时它只有标准用户的特权，但以对主机具有全面访问权的管理员身份执行时，结果将完全不同。事实上，正如 BeyondTrust 在 2019 年指出的，对于 81% 的 Microsoft 漏洞，可通过将权限限制为标准用户（而不是管理员）来缓解它们带来的风险。使用域管理员账户或其他特权账户运行时，漏洞利用程序可能能够访问整个环境。在威胁行动者看来，这是最容易摘到的果子。谁游离在安全最佳实践之外进行操作？如何利用他们来渗透环境呢？

漏洞各式各样，可能涉及操作系统、应用程序、Web 应用、基础设施等。漏洞还可能与协议、传输和通信相关，而通信可能是通过有线网络、Wi-Fi 或基于语音的无线射频进行的。然而，并非所有的漏洞都有相应的漏洞利用程序。有些漏洞利用程序只是为了验证概念，有些并不可靠，还有一些很容易用作攻击武器，甚至有一些包含在商用渗透测试工具或免费的开源攻击工具中。另外，有些漏洞利用程序通过暗网卖给了网络犯罪分子，而有些仅供国际级攻击者使用，直到相应的漏洞被公开（有意或无意的），进而被打上补丁。这里的重点是，漏洞种类繁多，随时都可能有新的漏洞被发现。对漏洞来说，重要的是利用它的方式，如果可利用它来提权，风险便在于它带来的特权攻击向量。当前，在所有的 Microsoft 漏洞中，可被用来提权的不到 10%，但近年来一些最严重的安全事故（从 BlueKeep 到 WannaCry 再到 NotPetya）都是利用这类漏洞实施的。

安全行业制定了多个标准，用于描述漏洞的风险、威胁和相关性，其中最常用的是下面几个。

- **通用漏洞披露**（Common Vulnerabilities and Exposures，CVE）：一种信息安全漏洞命名和描述标准。

- **通用漏洞评分系统**（Common Vulnerability Scoring System，CVSS）：一个对信息技术漏洞的风险进行评分的数学系统。

- **可扩展配置清单描述格式**（Extensible Configuration Checklist Description Format，XCCDF）：一种用于编写安全清单、基准测试和相关文档的规范语言。

- **开放式漏洞评估语言**（Open Vulnerability Assessment Language，OVAL）：信息安全社区就如何对计算机系统的机器状态进行评估和报告而进行标准化的努力成果。

- **通用配置枚举**（Common Configuration Enumeration，CCE）：为系统配置问题提供唯一的标识符，以方便快速而准确地协调来自多个信息源和工具的配置数据。

- **通用缺陷枚举**（Common Weakness Enumeration，CWE 规范）：一种通用的讨论语言，用于讨论、发现和处理代码中发现的软件安全漏洞的原因。

- **通用平台枚举**（Common Platform Enumeration，CPE）：一种用于信息技术系统、软件和包的结构化命名方案。

- **通用配置评分系统**（Common Configuration Scoring System，CCSS）：一组权衡软件安全配置问题严重程度的指标，由 CVSS 衍生而来。

这些标准可以让安全专业人员和管理团队对漏洞带来的风险进行讨论，进而确定它们的轻重缓急。无须用户参与的提权漏洞利用程序的风险是最高的，它们已被武器化为名为蠕虫的恶意软件。

信息技术团队必须防范任何类型的漏洞利用程序，尤其是那些对威胁行动者来说易于实施的。有了通用的语言和结构后，供应商、公司和政府机构可更好地定义缓解和补救策略。由于环境的不同，有些漏洞对这家公司来说可能是严重的风险，但对另一家公司来说根本不是事。诸如 CVSS 等标准让所有利益相关方能够准确地交流，从而帮助定义最佳缓解实践。图 6-2 说明了与特权攻击向量相关的外围漏洞利用。

　　前面讨论过，要利用漏洞，就得有漏洞。要是没有可记录在案的缺陷，漏洞利用程序就不可能存在。新的漏洞利用程序刚出现时，大家可能根本不知道它利用的是什么漏洞，但过段时间后，安全专业人员将对漏洞利用程序实施逆向工程，确定它利用的是什么漏洞，这是典型的取证过程，但由行业专家实施。漏洞利用程序能否神不知鬼不觉地获得特权并执行代码，不仅取决于被利用的漏洞，还取决于使用的特权，这正是漏洞管理、风险评估、补丁管理和特权访问管理如此重要的原因所在。

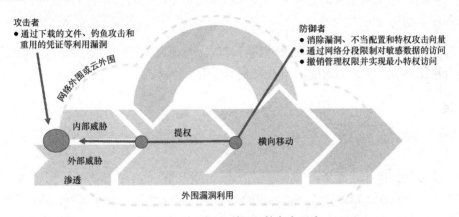

图 6-2　外围漏洞利用及其考虑因素

　　漏洞利用程序只能在其攻陷的资源限定的范围内执行，如果其中根本没有漏洞，漏洞利用程序也就无法执行。

　　如果用户或存在漏洞的应用程序的特权很小（标准用户），且无法通过漏洞利用来提权，攻击的威力将有限或根本就行不通。然而，即便只有标准用户的特权，如果有漏洞可供利用，也可通过勒索软件或其他恶意攻击带来灾难性后果。所幸大部分特权攻击带来的风险有限，对于余下的其他特权攻击，可通过降低特权及最大限度地缩小攻击面来缓解。破坏最大的漏洞利用程序都拥有最高的特权，因此缓解策略是最小化特权。

6.3　配置不当

　　配置缺陷不过是另一种形式的漏洞，但无须修复，而只需缓解带来的风险。修复和缓解的差别很重要。修复意味着部署软件或固件补丁以消除漏洞，这通常被称为补丁管理。而缓解只是对既有部署的某个地方进行修改，以降低（缓解）缺陷被利用带来的风险。这可能是对文件、用户组策略或其他类型的设置进行简单的修改，也可能是更新证书。归根结底，配置缺陷也是漏洞，是因为配置不当或未正确加固而导致的，而且很容易被作为特权攻击向量加以利用。

可被作为特权攻击向量加以利用的最常见的配置问题是，默认的账户安全实践不当。例如，这可能是在初始配置前管理员账户或 root 用户账户使用空密码或默认密码，也可能是因缺乏专业知识或存在未记录的后门而在初始安装后没有禁用不安全的访问方式。

要处理配置缺陷，只需对资源进行修改。然而，如果缺陷足够严重，威胁行动者可能不费吹灰之力就能利用它来获得根用户特权。

6.4　恶意软件

恶意软件指的是对资源怀有恶意的未经授权的软件，包括病毒、间谍软件、蠕虫、广告软件、勒索软件等。恶意软件的意图多种多样，包括侦查、数据泄露、破坏、命令与控制（CnC）以及敲诈勒索。在信息技术领域，恶意软件为威胁行动者实施网络犯罪提供了工具。与其他程序一样，恶意软件也可以不同权限的身份执行，从标准用户到管理员（root 用户）。恶意软件的破坏力随其意图和拥有的特权而异，轻者可能只是令人讨厌，重者可能让你万劫不复。安装恶意软件的途径很多，比如可组合利用漏洞和漏洞利用程序进行安装，通过合法的安装程序进行安装，利用供应链中的弱点进行安装，还有利用钓鱼等社交工程进行安装。无论通过什么方式安装，动机都是一样的，那就是在未经授权的情况下执行代码。恶意软件一旦运行，一场发生在终端保护供应商和威胁行动者之间的战斗便开始了，前者力图发现它们，而后者企图在不被发现的情况下继续，以便永久地潜伏下去。恶意软件可能调整自己以免被发现，还可能禁用防御措施，以便继续扩散。

根据恶意软件的意图，它可能执行哈希传递和键盘记录等操作。这让威胁行动者能够窃取密码，以实施特权攻击或其他攻击。恶意软件只是运输工具，用于帮助攻击者获得发起后续攻击所需的信息，而要获得这些信息，必须具备相应的权限。恶意软件的范围极广，其中与特权讨论关系最为密切的子类包括抓取内存的恶意软件、安装其他恶意软件的恶意软件以及实施侦查的恶意软件。

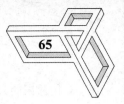

6.5　社交工程

如果你是和兄弟姐妹一起长大的，很可能遭受过恶作剧，比如闻一下我的手指、打开这个盒子、品尝一下这个东西的味道。这与威胁行动者为获得特权而发起的社交工程攻击是一样一样的。亲戚的主要动机是消遣（通常是搞笑）：利用你对他们的信任让你做出恶作剧或尴尬的事情。这虽然无伤大雅，但你很可能会吃一堑长一智。

社交工程与此无异。我们盲目地相信收到的 E-mail、电话乃至信函，以为有人要联系我们。只要内容伪造得足够好，甚至如果能假冒成你信任的人，威胁行动者便成功地迈出了欺骗的第一步，其阴谋诡计很可能得逞。事实上，收到冒充同事、朋友、公司的来信或伪造的中奖信息后，你很可能成为社交工程的受害者。

与受到兄弟姐妹欺骗，将死虫子当牛肉干吃相比，在网络领域，勒索软件和电话录音等威胁带来的后果要严重得多。考虑到每个邮件和电话都可能让你变得偏执，进而面临风险，你需要明白社交工程的工作原理及如何在第一时间识别骗局，而不失去理智。这与判断兄弟姐妹的说法是否谎言如出一辙。在有些时候，只需在行动前核实消息的真假，并明白行动将带来的后果。

从社交工程的角度说，威胁行动者试图利用一些重要的人性弱点来达到目的。

- **信任**：以为信件的来源是值得信任的，而不管它是什么类型的。
- **容易上当受骗**：相信内容是真实的，而不管它有多疯狂、多幼稚。
- **诚实**：认为打开信件或做出回应对自己最有利。
- **疑心**：信件内容没有任何拼写或语法错误，通话时对面不像是机器人，因此不会引起任何怀疑。
- **好奇**：在以前的培训中，没有接触到这样的攻击方法，或者没有意识到这是一个攻击向量，因此没有采取相应的措施。
- **惰性**：信件看起来没什么漏洞，没必要通过调查 URL 和内容来确定是否有恶意。

针对上面这些特征，可对团队成员进行合理的培训，使其能够抵御社交工程。难点不是改变教育方向，而是克服人性的弱点。请考虑下面的训练事项及提高自我意识的方法，以防范社交工程攻击和特权攻击。

- 除非获取敏感信息的请求来自熟人或可信任的团队成员，否则不应相信。仅靠"发件人"栏中的邮件地址不足以对请求和应答进行验证，因为发件人的账户可能被盗用。最佳的选择是参照双因子认证的做法，通过电话或其他通信渠道对邮件进行验证。例如，给请求敏感信息的人打电话，核实请求是真实的。如果请求看起来荒谬可笑，请请求提供 W-2 报税表信息或要求电汇，核实这是否符合公司内部策略以及财务或人力部门的规定（这种请求可能是内部人攻击）。只需核实请求是否确实来自所谓可信的人员，如顶头上司，就对防范社交工程大有帮助。另外，考虑到既有的漏洞和漏洞利用程序，所有这些行动都应在打开附件或单击链接前进行。否则如果邮件是恶意的，在你验证前载荷和漏洞利用程序可能已经执行。

- 如果请求源自你不熟悉的人或其他实体，但有一定的可信度，如银行或你与之打过交道的企业，只需采取简单的做法就可避免上当受骗。先检查所有的链接，确定它们指向的域名是正确的。在大多数计算机和邮件应用程序中，只需将鼠标指向链接，就会显示其内容。如果请求来自电话，千万不要提供个人信息。别忘了，电话可是对方主动打来的。例如，IRS（美国国家税务局）绝不会通过电话与你联系，它只使用 USPS 来发送官方信件。

- 教人如何区分真实信件和欺骗信件很难。社交工程的形式多种多样，从支付账单、情书和个人简历到来自人力资源部的面试邀请。所谓"看起来好得不像真的"以及"天下没有免费的午餐"，只涵盖了社交工程攻击的很少一部分。如果同事也收到了同样的邮件，只能说明这不是鱼叉式钓鱼攻击。最佳的选择是想想你该不该收到这样的邮件。收到这样的邮件是正常还是不正常呢？如果不正常，一定要谨慎，处理前务必核实发件人是否可信，以及邮件的意图是什么。考虑到现在的语音和图片造假技术极高，几乎难以区分真假，这一点显得尤其重要。

- 判断是否是社交攻击的最简单方式是看看信件是否可疑。这要求你像侦探一样研究，看看信件是否有拼写、语法或格式错误，或者语音听起来是否像是机器人说的。如果请求来自你从未打过交道的人（如你没有开设账户的银行或宣称提供免费邮轮船票的商家），尤其应该这样做。只要有任何值得怀疑的理由，都应宁可失之过于谨慎也不要冒险：不要打开任何附件或文件、单击任何链接或做出口头回应，而是直接将邮件删除。如果信件是真实的，相关方肯定会在合适的时候再联系你的。

- 从社交工程的角度看，好奇心是最大的防御漏洞。我的计算机和公司的信息技术安全资源给了我全面的保护，不可能出事的，不是吗？这样的假设既错误又危险。现代攻击可绕过最佳的系统和应用程序控制解决方案，甚至利用原生的 OS 命令来发起攻击。为了抵御好奇心，最佳的工具是自我克制。接到奇怪的电话，问"你能听到吗"时，千万不要搭理；收到符合前述条件的邮件时，不要打开附件；不要认为不可能出事，即便你使用的是 macOS。实际上，出事是完全可能的，但不要让你的好奇心成为罪魁祸首。天真幼稚会让你成为受害者。

社交工程是个庞大的问题，任何防范技术都不可能 100%有效。垃圾邮件过滤器可拦阻恶意邮件，终端保护解决方案可发现已知的恶意软件，但什么都无法完全防范社交工程和内部威胁这些利用人性因素发起的攻击。对于社交工程攻击，最佳的防范措施是教育，让用户知道这些攻击是如何利用人性的弱点得逞的。如果我们知道自己的弱点，进而采取相应的措施，就可最大限度地阻止威胁行动者攻陷资源及获得特权。

6.6 多因子认证

虽然我们一直将重点放在使用凭证的认证方式上，但也应使用其他认证技术来加固认证模型。对于特权用户账户，尤其应该这样做。为了确保访问的安全，必须使用多因子认证（MFA）技术，而不能只使用传统的用户名和密码组合（单因子认证），这是一种最佳安全实践，也是众多监管机构的要求。MFA 提供了一个额外的保护层，增加了攻陷难度（但未到不可能攻陷的程度），因此是确保敏感信息安全的推荐做法。

MFA（双因子是 MFA 的一个子类）的想法很简单，即除传统的用户名和密码组合外，同时要求使用证据来验证用户。这种证据并非只有 PIN 码，还有可供参考的物理特征。证据的提供方式和随机性随技术与供应商而异，通常分为 3 类：

所知（只有用户知道的信息）、所有（只归用户所有的东西）和固有（给定状态下的情况）。

通过使用多个认证因子，可给身份提供额外的重要保护。由于新增了一个认证变量，未经授权的威胁行动者很可能无法提供合法访问所需的所有因子。在会话期间，只要有因子不对，用户身份得到验证的可信度便不足，进而被拒绝访问受多因子认证保护的资源。在多因子认证模型中，通常包含如下认证因子。

- 物理设备（如 U 盾）或软件（如手机应用），它生成密码的证据并定期随机化。

- 只有用户知道的秘密编码，如通常记在脑子中的 PIN。

- 可以数字方式进行分析的独特物理特征，如指纹、输入速度或声音。它们被称为生物特征认证技术。

MFA 是一个身份特定的（identity-specific）认证层。经过验证后，授予的特权也将是潜在的攻击向量，这与以其他方式授予的特权没有任何不同，除非策略明确要求授权前必须进行多因子认证。例如，在传统的用户名和密码模型中，威胁行动者攻陷凭证后，就可通过任何接受它们的本地或远程目标的认证。在多因子认证模型中，虽然新增了一个变量，但通过认证后，依然可能横向移动（除非部署了分段技术或策略）。唯一的差别是认证过程。在多因子认证模型中，必须满足所有的安全条件，而在传统的用户名和密码模型中则不需要。黑客可利用凭证在网络中的主机之间移动，并在必要时更换凭证。然而，除非黑客攻陷了多因子认证系统，或掌握了用户的所有多因子挑战和应答，否则无法通过多因子认证。因此，威胁行动者总是需要一个开启多因子会话的初始入口。一旦进入后，最容易的方式是使用凭证来实施横向移动并继续发起特权攻击。

6.7　本地特权和集中特权

在接下来的几章中，将讨论可供组织使用的各种强大而高效的特权访问管理选项。实现特权访问管理的最佳方式是，采用利用目录服务的身份治理解决方案。随着我们对特权攻击向量的深入讨论，这一点将愈发明显。然而，组织在合并和简化身份基础设施时务必小心，如果实现不正确或未妥善地保护其安全，这些基础设施可能成为特权访问管理中最大的弱点。一旦攻陷特权账户，便可能横向移动到依赖并信任该认证服务的其他资源，如图 6-3 所示。

　　强大的集中 IAM 的实施支持在不同层之间进行认证，这包括文件系统、操作系统、用户、应用程序、数据乃至业务合作伙伴。如何在提供最佳安全的同时，让业务功能得以平滑而无缝地进行，这是信息技术行业面临的一个古老的两难境地。如果安全措施太严，你什么都做不了；如果太松，则有可能让威胁行动者在环境中为所欲为，如入无人之境。

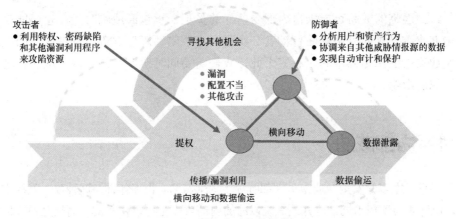

图 6-3　横向移动和数据偷运

　　最佳的做法是使用身份治理模型实现粒度化的集中特权管理，这让你能够在单一场所完成有限的权限管理。对当今的现代基础设施来说，这是你可实现的最佳安全实践。

第 7 章

内部威胁和外部威胁

组织面临的威胁可能来自内部受信任的员工、承包商或临时工，也可能来自攻击并渗透资源的外部威胁行动者。实际上，攻陷环境后，攻击都是内部的，即便发起攻击的源是外部的。有鉴于此，我们需要同时研究外部和内部威胁行动者对组织的影响。

7.1　内部威胁

当前，大多数安全专业人员大都听烦了内部威胁。很多年前，这种攻击就经常发生，但性质与现在不同。这并不是说以前的内部攻击是可以接受的，而只是说我们必须面对内部威胁的现状，并承认数百年来内部威胁就一直以各种不同的形式出现。

根据定义，内部威胁是其表现类似于威胁行动者的内部角色。图 7-1 基于本书一直在讨论的特权攻击链说明了这一点。

图 7-1　内部威胁

　　无论内部威胁行动者使用什么技术，其行为都不符合公司的最佳利益。他们可能犯法、偷运不归其所有的信息或实施破坏行为。一个老掉牙的内部威胁的例子是窃取客户名录，但这种内部威胁在当前依然具有现实意义。打算离开组织的销售人员、高管或其他员工可能复印和打印客户名录和订单，以便进入新的工作单位后获得竞争优势。尽管仅当带走的材料很多时，才会对原单位带来影响，但带着打印的机密信息离开依然是一种内部威胁。显然，以前不可能带走的成柜的材料，但现在有了电子介质和互联网后，就可以很容易地神不知鬼不觉地将大量数据带走。因为只要一个 U 盘，就可容纳以前装满数个文件柜的敏感信息。因此，内部威胁的性质与以前完全不同，更有现实意义。内部威胁依然是令安全专业人员头痛的问题，因为这种犯罪行为虽然古老，但考虑到作案手法以及可窃取的数据量，必须采取新的策略来加以防范。

　　内部威胁的动机多种多样，其中包括给组织带来打击或获得某种优势。无论意图是什么，内部威胁的数字方面都是最值得注意的。在极端情况下，人会做出最疯狂的事情，但如果能够禁止他们这样做，便可消除内部威胁的大部分风险。

　　从特权攻击向量和内部威胁的角度看，下面几点会给企业带来什么样的影响呢？

- 能够访问大量敏感信息的人有多少？

- 谁能够通过查询或第三方系统导出大量信息？

- 所有活动账户都是合法的吗？

- 与每个账户相关联的人都未从本公司或第三方离职吗？

- 如何找出伪造的 IT 账户和影子账户？

- 对于敏感账户，多久修改一次密码？

- 对于对敏感系统和数据的特权访问，对其进行了监控吗？

　　坦率地说，回答这些问题可能打开潘多拉魔盒，但只要你关心内部威胁，就应对这些问题做出回答，原因如下。

- 除管理员外，其他人都不能访问大量数据，高管也不例外。这可防止内部人员转储大量的信息，还可避免利用攻陷的高管账户来攻击组织。

- 任何用户（包括管理员）都不能将管理员账户用于完成日常工作，如收发邮件，以防这种账户被攻陷。所有用户都应使用标准用户账户。

- 只允许合法的员工访问敏感数据。对于前员工、承包商乃至审计人员，不应授予他们这种权限，同时应根据组织的策略将这些人员使用的账户删除。

- 员工变动频繁。如果新入职的员工使用的密码与前员工使用的密码相同，敏感数据面临的风险将上升，因为从技术上说，前员工依然知道用于访问公司敏感信息的密码。

- 对特权活动进行监控至关重要。这包括日志记录、会话监控、录屏、击键记录乃至应用程序监控。为什么要这样做呢？因为如果内部人员为了窃取信息而访问敏感系统，会话监控可将这种行为记录下来，进而确定他们提取信息的方式和时间。

如果你以为只要采取这些防范内部威胁的措施，就能确保平安，那就错了。前面的措施都假定威胁行动者从前门进入，明目张胆地窃取信息或实施恶意行为。然而，内部威胁也可能是传统的漏洞、配置不当、恶意软件和漏洞利用程序引发的。威胁行动者可能安装恶意的数据捕获软件，利用系统存在的安全补丁缺失以及使用后门来访问资源以实施类似的数据收集行为。内部威胁主要是窃取信息和中断业务，但根据威胁行动者的技术水平，他们可能使用传统上与外部威胁相关联的工具。因此，我们必须认识到，内部威胁主要来自两个方面：特权过大（这在本书前面讨论过）；安全卫生（security hygiene，即漏洞和配置管理）不佳。为确保系统得到妥善的保护，所有组织都应遵循如下最佳实践。

- 安装防病毒解决方案或终端保护解决方案，确保它们运行正常且是最新的。

- 让所有 Windows 应用程序和第三方应用程序都自动更新，或部署补丁管理解决方案，以及时地安装相关的安全补丁。

- 使用漏洞评估或管理解决方案确定环境的哪些地方存在风险，并及时地消除这些风险。

- 实施应用程序控制解决方案，确保只有经过授权的应用程序才能以合适的特权执行，从而降低面临的伪造、侦查和数据收集风险。

- 尽可能将用户与系统和资源分开，以降低“直达”（line of site）风险。换而言之，确保网络是分段而不是扁平的。

　　这些看似都是最基本的安全措施，但大多数企业在这些方面都做得不够好。通过采取这些措施，可限制管理访问，确保信息技术资源安装了最新的防范和安全补丁，从而最大限度地降低内部威胁带来的风险。内部威胁永远不会消失。

　　你的目标是防止数据泄露，而内部人员可利用多个攻击向量来达成目的。作为安全专业人员，我们需要从源头上降低风险。将印有敏感信息的纸张放在公文包中带出去依然是一种内部威胁，但考虑到一个 U 盘就能装下整个客户信息数据库，这种内部威胁的现实意义没那么大了。归根结底，要窃取这些信息，内部人士具备相关的特权。

7.2　外部威胁

　　很多童谣的源头都可追溯到几百年前，它们为政治讽刺片和朗朗上口的简单教育歌谣提供了素材。在英语世界，《蛋头先生》（The Humpty Dumpty）无疑是最流行的童谣之一。这个童谣起源于 18 世纪，Humpty Dumpty 最初是形容一个人身材矮小的俚语，后来含义发生了变化，指的是一种用白兰地和麦芽酒调制而成的鸡尾酒。当今著名的《蛋头先生》童谣与早期的版本几乎没有相似之处，但都涉及一面墙。这里尝试以不同的方式解读这首童谣：为防范特权攻击向量，蛋头先生负责保护防火墙，如果他从墙上摔下去（即本职工作没做好），则无论是信息技术团队还是高管，都无法将他重新组装好。下面来探讨为何在外部威胁方面，这首童谣依然具有现实意义。图 7-2 指出了它在攻击链中所处的位置。

图 7-2　外部威胁

不久前，防火墙还是所有组织的主要防御设施。蛋头先生负责防火墙配置、规则制定、日志审核以及潜在安全威胁审核。而当有什么东西需要修改时，由蛋头先生所在的团队负责正确地完成。当前，很多组织的情况依然是这样的，不同的是，现在蛋头先生配置防火墙的方式与 10 年前不可同日而语，他必须考虑移动办公人员、B2B 应用程序以及到云端的连接。这就是经常有人讨论"正在消融的外围"以及外围防御不再有效的原因。蛋头先生不再是坐在防火墙上，而必须沿链环栅栏巡视，旨在保护链环栅栏内的多个区，以防它们受到来自外面的攻击。这里之所以使用链环栅栏的比喻，是因为它不再是只有几个入口的墙，而是一个带过滤器的连接模型，这种模型允许各种流量进入，但将潜在的威胁行动者拒之门外。这种模型不再是单堵坚固的墙，而是很多更薄、更难平衡的墙，负责防范各种外部威胁，而所有这些墙的配置工作都在蛋头先生的职责范围内。

那么蛋头先生会因为什么原因而摔下来呢？防火墙无法抵御社交工程攻击、钓鱼邮件、恶意软件和 Web 应用漏洞。这些都是外部威胁。防火墙旨在用于阻断传统的流量模式（入站流量和出站流量），以及防止 IP 地址和端口暴露给公众。现代防火墙还对流量进行分析，以发现可疑的内容、恶意软件乃至数据泄露，但对于被认为可信的流量以及未打补丁的漏洞，它们几乎无能为力。现在蛋头先生需要管理所有的区，因此必须信任根本不受自己控制（甚至根本不在网络外围中）的资源。只要这些资源中的一个被攻陷，威胁行动者就可横向移动，此时即便是链环栅栏也无能为力。

因此，目标是防范特权攻击向量，即防止外部威胁获得凭证提供的访问权（标准访问权或特权），以及发现相同区或不同区中桌面和服务器之间的横向移动，并在必要时加以阻止，尤其是在用户通过未经授权的应用程序或命令试图建立横向连接时。蛋头先生最大的担心是，有害的流量、通信和数据会穿过其防火墙或进入云端，这很容易导致数据泄露。倘若真的发生这样的情况，他就可能摔下来（这是一种比喻，意思是丢饭碗）。这就是防范横向移动如此重要的原因所在。当今防火墙的实现不再是石墙，它们允许流量穿越可信区之间的任何地方。对这些区中的任何一个发起攻击的外部人员都是外部威胁，而这些威胁行动者的目标是获得永久性的特权访问。

本节采用了诙谐幽默的写作手法，目的是加深你的记忆。在网络安全领域，还有什么地方可以找到蛋头先生的声音呢？外部威胁是特权攻击使用的主要攻击向量，它们带来的攻陷事故最多。这是特权管理领域最大的变化。下面是一些最常见的外部威胁。

● **被攻陷的凭证**：被盗取的凭证或易于猜出的、默认的、重用的凭证等。

● **远程访问**：使用不安全的通信路径的供应商、承包商或远程办公人员。

● **过大的特权**：原本应该没有特权或特权很小的账户被赋予过大的特权，进而被威胁行动者用来攻击资源。

● **未打补丁的漏洞**：未及时安装安全补丁，由此带来了数据泄露和提权攻击风险。

● **不当配置**：资源未正确地安装或加固，无法防范基于默认或不安全安装的攻击。

但愿通过上述信息你能在我们的讨论中发现一个模式，并明白后面将介绍的缓解这些威胁的策略。

第 8 章

威胁狩猎

如果你玩过游戏《瓦尔多在哪？》（Where's Waldo?），可能已经明白何为威胁狩猎（threat hunting）了。有些读者可能没有听说过这款游戏，在这款游戏中，玩家的目标是在充斥其他图形和人物的图片中找到瓦尔多。在美工精心制作的图片中，从人群中找出沃尔多的过程真的是令人沮丧。你得有耐心、视觉敏锐且有条不紊。为了挪揄这款游戏，有人制作了一些图形，其中几乎每个人都像沃尔多，而你需要找出所有不是沃尔多的人。执行威胁狩猎时，常将不是沃尔多的人比作误报，因此这个比喻非常重要。

刚入行的安全专业人员可能会问，何为威胁狩猎呢？在网络安全领域，威胁狩猎是一种信息处理行为，它以面向过程（process-oriented）的方式在网络、资产和基础设施中搜索，以找出能够规避既有安全解决方案和防范措施的高级威胁。防火墙、入侵防御解决方案和日志管理都是为检测、防范威慑（包括以前未见过的零日威慑）而设计的，而威胁狩猎是位于它们下面的那一层。在我的网络中，有哪些正在运行但未被发现的威胁？如何将它们找出来呢？这里的基本假设是，环境已被攻陷，且其中存在威胁。在特权访问领域，如何判断执行特权会话的是经过授权的团队成员还是威胁行动者呢？图 8-1 说明了威胁狩猎过程中的典型步骤。

对大多数公司来说，最简单的解决方案是更深入地研究当前收集的数据，这包括深究日志文件、检查被拒绝的登录访问以及处理应用程序控制解决方案收集的应用程序事件。但这些并不在威胁狩猎的范畴内，而只是安全最佳实践，符合 PCI、NIST 等众多有关日志管理和审核的合规性标准中的指导原则。

威胁狩猎旨在找出潜藏的威胁，可自动完成，也可手工完成。它假设存在威胁，而你需要做的就是将它找出来。在这个过程中，需要同时处理多个数据源，并将这些信息与有关系统、使命和生成信息的基础设施的知识整合起来。这听起来好像有现成的答案，但实际上并非如此。安全信息企业管理器（SIEM）是为消化这些信息而设计的，但只允许根据来源和类型给数据加上有限的标签，以应用业务元素。与众多其他的技术一样，它们不能添加人类元素。为了帮助实现这一点并提供数据直觉（data intuition），可使用行为分析或机器学习来将这个过程自动化。它提高了将模式识别为重复过程的标准，但仅此而已，因为它不知道发现的模式意味着什么。要成功地完成威胁狩猎，安全专业人员必须先做出假设。这种假设假定存在某种威胁，并将其映射到特定的模式，但要得出结论（威胁确实存在），则需要人工审核数据。为了判断环境中的特权访问是威胁行动者发起的，还是合法的，可考虑如下常见假设。

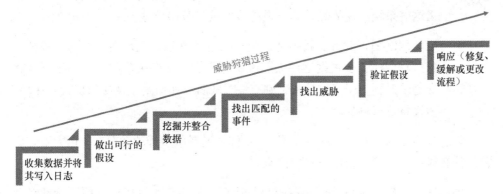

图 8-1　威胁狩猎过程中的步骤

- **分析驱动**：可对行为模式（或异常事件）进行风险评级，并使用它们来判断是否出现了高风险的模式。

- **情景驱动**：对高价值的目标（包括数据、资产和员工）进行分析，以找出异常情况和不寻常的请求。

- **情报驱动**：通过整合威胁模式、情报、恶意软件、会话和漏洞信息来得出结论。

因此，威胁狩猎要获得成功，必须满足如下要求，否则数据和狩猎结果将是有瑕疵的。

- 对于数据建模，必须正确识别重要数据和敏感（特权）账户。这包括它们何时被使用、谁在使用它们以及正在执行的操作是什么。

- 可根据 CVE、IP 地址和主机名对信息源进行可靠的整合。DHCP 乃至时

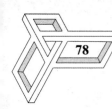

间同步（糟糕的 NTP 实现）引起的变化可能会压垮威胁狩猎人员。我们几乎需要无条件地信任这些数据。

- 诸如 SIEM 等整合工具收集了所有相关的数据，以便能够识别模式。一般而言，安全数据越多越好。对于多余的数据，可进行过滤、净化或抑制（suppressed）。

- 确定企业面临的威胁，如万劫不复的数据泄露事故，并据此做出假设。如果威胁行动者这样做了，业务能够恢复吗？需要付出什么样的代价？

- 诸如风险评估、入侵检测和攻击防御等工具是最新的，且运行正常。如果这些系统出现故障，第一道防线将处于危险境地。

- 诸如网络图、业务流程描述、资产管理等文档至关重要，因为在威胁狩猎过程中，需要根据这些人类因素将信息与业务关联起来。如果不能将交易映射到电子工作流程，则有关"威胁将如何发生及如何保持持久性"假设将是盲目的。

威胁狩猎很像游戏《瓦尔多在哪？》：你知道有威胁行动者存在，也大致知道它是什么样的，但可能很难将它找出来。

虽然威胁狩猎人员可能不知道威胁是什么，但完全可以假设有威胁行动者存在，正干着非法勾当或为以后实施恶意行为做准备。只要能找出威胁，你就能找到瓦尔多。请带着明确的目标去思考问题、难题和游戏，并充分利用手头的工具，而不仅仅是给出一份黑盒报告（black box report），或发出警告，指出存在未经授权的登录。威胁狩猎要求你打破砂锅问到底、使用放大镜并依赖于直觉，这样才能将威胁找出来。开始威胁狩猎前，确保遵循了安全最佳实践，这是获得成功的必要条件，因为你为威胁狩猎而做的每件事情都依赖于这一点。另外，为了继续隐藏下去，老谋深算的威胁行动者会利用环境中安装的安全工具进行反侦查，这是着手威胁狩猎前，最佳实践必须坚如磐石的另一个原因。毕竟，如果威胁行动者已经潜伏在环境中，而当前的解决方案又未能将其找出来，就应该怀疑它们为继续隐藏下去利用了特权。对于这些特权，绝对应该不间断地进行监控。

第 9 章

非结构化数据

就在不久前，数据保护起来比现在容易得多。那时采用的是外围防御措施，它们很管用，因为访问组织数据的途径有限。数据通过 IT 部门批准且受企业控制的设备和应用程序进入，驻留在服务器和存储阵列中。为了保护这些数据，我们将外部人士拒之门外，但信任内部人士。现在，IT 环境发生了翻天覆地的变化，从应用程序、用户、设备、云服务和连接的硬件收集的数据越来越多，而完全受企业控制的数据越来越少。新出现的业务开展方式要求能够从外部轻松地访问，而随着云的出现，你的数据、用户和应用程序甚至都不是内部的。越来越多的第三方也属于能够访问数据的"内部人士"，可他们根本就不为你的组织工作。为了在文件或应用程序层面管理对非结构化数据的细粒度访问，可使用特权访问管理解决方案。

传统的计算模型是开放系统互联模型（OSI），这种模型根据用户的认证情况，允许用户访问服务器和云端的所有组件以及数据。用户通过认证后，根据其特权，可能能够沿着栈一直向下访问到文件系统，如图 9-1 所示。如果文件是经过加密的，用户可能无法访问其中的数据，此时用于非结构化数据的特权访问可派上用场。

加密可保护文件的内容，但无法保护文件本身。即便威胁行动者窃取了数百个加密的文件，也不会带来什么危害，除非他有办法将文件解密。在与文件相关联的应用程序（如 Microsoft Word 或 Excel）中，密码保护功能不足以防范现代破解工具。因此，威胁行动者的主要目标是用于对文件（或文件系统）进行解密的密钥。

限制和审计是由本地访问控制列表以及应用程序、数据库和操作系统中基于角色的访问进行管理的。因此，管理员能够访问任何文件和卷。权限介于标准用户和管理员之间的用户可能需要访问应用程序，但对支持应用程序的文件系统的访问可能会受到限制或根本无权访问。这是客户端/服务器架构乃至现代 Web 应用的基石。

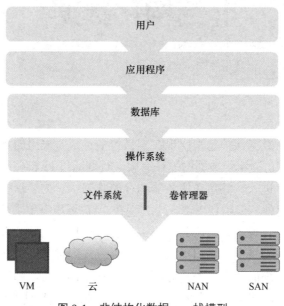

图 9-1 非结构化数据——栈模型

可惜的是，在传统的操作系统（UNIX、Linux、macOS 和 Windows）安全解决方案中，root 用户或管理员可访问整个栈，且没有对此进行限制的原生方式。组织虽然能够撤销管理员的特权，但管理员能够重新赋予自己这种特权。一旦攻击者获得 root 用户或管理员特权，组织将万劫不复，涉及域管理权时尤其如此。管理员总是有办法避开安全控制措施。特权访问管理（PAM）可控制用户的访问权，但不一定能控制文件系统和/或既有的进程，除非夺取所有权。在文件被共享或使用 DropBox、iCloud、OneDrive 等文件存储解决方案存储在云端时尤其如此。文件系统和进程控制解决方案（如 DLP、DCAP 等）可对文件进行隔离和加密，但无法控制用户认证。因此，如果威胁行动者是管理员，可能有办法避开这些技术，进而能够访问对非结构化数据文件进行保护的机制。

对于这个问题，解决方案是在栈顶使用特权访问管理，对操作系统和应用程序进行管理，并在 PAM 解决方案中集成原生文件完整性监控（FIM），在传统 ISO 计算模型的各层中对威胁进行监控和防范。这意味着在所有层中都对特权进行管理（从用户认证到用于允许或拒绝访问的 FIM 策略），即便用户是 root 用户或管理员。这要求解决方案协同工作，将不同层的篡改关联起来，以防范攻击。然而，这只适用于受你控制的操作系统和文件系统，而不一定适用于作为 SaaS 或 IaaS 提供的文件存储解决方案。

因此，通过将非结构化数据的概念应用于 PAM 和 FIM，可实现如下目标。

- 管理和监控用户访问（从认证到文件访问）。

- 只赋予应用程序最小的特权，使其无法访问提供支持的数据结构，从而降低特权风险。

- 对数据库和应用程序的密码进行管理，以自动轮换密码并限制对它们的访问（包括脚本或工具自动执行的访问）。

- 限制标准用户、命令、任务、脚本和特性对操作系统的访问，仅在需要时授予它们访问操作系统的特权。

- 使用 FIM（而不是通过授予或撤销用户特权）对与命令和脚本相关联的文件进行保护，以防被篡改。

- 在传统计算模型的各个水平平面中，对攻击链中的用户访问进行监控以降低风险。与只在栈顶使用传统认证模型来管理密码的做法相比，这种监控要深入得多。

- 使用特权管理和 FIM 技术确保只有获得授权的受信任用户才能访问资产及其支持的数据。

- 在包含各种主流操作系统的可信计算环境中，可撤销用户对应用程序和文件系统的访问特权。

非结构化数据保护是一种自然而然的特权访问管理的扩展，它将特权使用的技术控制和策略应用于操作系统的下面一层（文件系统）及访问控制列表的下面一层。特权访问管理中集成的 FIM 提供了必要的工具，让你能够对可能被威胁行动者用来偷运信息的每一层进行监控，其中包括根据与用户的 PAM 配置文件（profile）相关联的 FIM 策略，阻止提权后的用户访问文件和目录。

第 10 章

特权监控

特权访问带来的主要风险在于通过这种访问执行的操作。作为安全专业人员，你必须提出如下问题：这种操作合适吗？用户是否犯错了？是否有威胁行动者利用经过提权的凭证执行可能存在恶意的操作？除非你是坐在用户后面并具备监视这种操作所需的专业知识，否则，传统的安全模型存在大量缺陷，无法审核这种操作，也无法对每个会话、命名命令以及下载或显示在屏幕上的所有信息进行验证。对所有活动进行审核是项极其艰巨的任务，所幸可使用技术和自动化来帮助应对这种挑战。下面基于这些用例来探索在环境中执行任何特权访问监控都必须满足的要求。

10.1 会话记录

会话记录（session recording）指的是将会话期间可能出现在用户屏幕上的所有可见活动记录下来，如图 10-1 所示。这可以用视频、文字或基于屏幕变化的快速截屏的方式来完成。典型的会话记录解决方案确保记录能够得以安全地存储，而且支持索引，并提供了高级功能，让审计人员能够搜索细节以及明白上下文。可用来实现会话记录的技术众多，其中包括下面这些技术。

- **在线视频捕捉系统**：在显示器的输出信息显示在屏幕上之前将其记录下来。这种技术通常还使用 OCR（光学字符识别）来抓取屏幕上的关键字和文本。要使用这种技术，需要在服务器的视频端安装硬件，因此通常不适用于云端或虚拟化技术。

- **用户代理（agent）或浏览器插件**：根据活动记录屏幕或会话，其结果被缓存或发送到中央服务器，供审核和处理。这种方法要求部署代理技术，且无法监控能够避开记录技术的带外连接。

- **协议感知代理（proxy）技术：** 可提供活动远程会话的无代理屏幕记录。这种方法支持网络分段，并要求通过代理进行路由访问。代理所做的所有记录工作都不会存储在用户的资产中，因此无须更换硬件，而只需引入代理即可。

图 10-1　回放会话记录

无论使用的是哪种方法，目标都相同：对特权会话访问敏感数据和系统的操作进行审核。虽然这种方法本身不能阻止威胁行动者的行动，但能够将不正常的行动记录下来。特权活动记录可用于取证，在配置合理的情况下，还可帮助找出威胁，这将在 10.4 节做更详细的讨论。

另外，如果会话记录系统足够尖端，还可通过自动化提前对不合适的行为做出应对。例如，可通过配置高级规则来触发屏幕输出以执行缓解措施，如发出警告、锁定或终止会话以及禁用相关联的用户账户。虽然这要求会话记录系统成熟而高级，但在威胁行动者为永久地潜伏下去而执行特定的命令或下载信息时，能够做出更出色的应对。

　　最后，与审计人员讨论合规性时，会话记录满足了最基本的合规性要求，即将合适的特权活动记录下来并提供特权用户认证报告（attestation report）。

10.2　击键记录

　　虽然会话记录将基于图形或文本的屏幕记录了下来，但并没有记录用户的击键，而只记录了会出现在屏幕上的击键结果。对于快捷键和键盘命令，如复制命令（Ctrl + C 组合键），可能根本无法记录下来。与前面介绍的屏幕记录一样，还需要下述 3 种方式来运行击键记录，将所有用户输入都记录下来。

● 使用通过 USB 或 PS2 连接的在线物理设备来记录击键。这些设备可能将信息存储在本地，也可能通过软件或网络组件将捕获的信息上传。对于通过蓝牙或专用适配器连接的无线键盘，没有相应的物理击键记录解决方案。

● 使用用户代理（agent）来记录击键。这是常用的方法，但需要设置白名单。另外，不要将其同记录击键的恶意软件混为一谈。这种方法对所有有线和无线键盘技术都管用，因为代理将捕获所有的输入设备数据。

● 使用代理（proxy）技术来捕获屏幕渲染和用户输入之间的差异。这种方法无须物理硬件（代理除外），也不需要本地代理（agent），对几乎所有的键盘或文本输入技术都管用。

　　击键记录的主要目标是在命令层级阻止威胁行动者。几乎在所有操作系统、应用程序和数据库中，添加用户、检索数据库或安装恶意软件的命令都是比较标准的。如果正确地配置了特权监控系统，使其对这些命令进行监控，并在用户执行它们时发出警告或终止会话，就可能能够及时地发现攻击，避免宝贵信息泄露。要成功地实施攻击，威胁行动者必须执行这些命令，而要执行这些命令，必须使用本书前面讨论的方法进行提权。因此，如果我们能够识别并控制经过授权的会话，并找出其中可能存在恶意的会话，便拥有了另一个缓解特权攻击向量的工具，如图 10-2 所示。

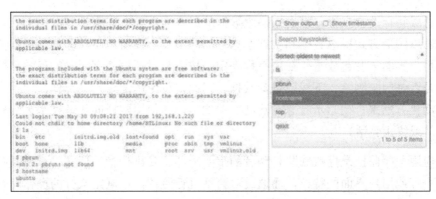

图 10-2 命令行过滤和命令搜索

10.3 应用程序监控

应用程序给特权监控带来了独特的挑战。从本质上说，每个应用程序都不同，虽然它们在常见菜单、按钮、对运行时引擎（从 Oracle Java 到 Adobe Flash）的依赖以及本地编译代码方面，都遵循相同的最佳实践。会话记录可捕获鼠标移动和屏幕信息，但如果不使用额外的技术，要通过审核会话记录来找出特定的按钮、客户端工具或对话框标题将费时费力。因为主要的输入机制为鼠标单击或使用触摸屏，因此在本地的会话记录技术中，没有捕获除视觉变化外的其他应用程序的活动。

另外，击键记录技术捕获的鼠标单击信息只有 x 坐标和 y 坐标，除非它能够感知应用程序本身。由于存在这些问题，要对应用程序进行监控，唯一的解决方案是使用本地代码（临时代理）或高级 OCR（光学字符识别）技术。然而，OCR技术要求对记录进行后期处理，可能无法识别字体也无法看清文件路径，因此无法实时地发出警告。因此，为实现与 PAM 相关的应用程序监控，唯一可行的方法是使用某种形式的代理（agent）技术。

无论是永久性的还是临时性的，应用程序监控代理（agent）都基于用户交互来监控 API 调用、鼠标单击和屏幕变化。例如，应用程序的标题栏、按钮名和菜单都是通过 Windows API 暴露的用户交互时，可将这些内容捕获下来并记录在同时包含会话记录和击键记录的时间轴中。这提供了完整的审计线索，可用于取证、合规性认证以及找出潜在的恶意活动。只要想想本书前面在介绍威慑狩猎时列举的《瓦尔多在哪？》示例，你就明白了。

对威胁行动者来说，可用来操纵数据的最终向量都在安全管理的治下。让他们能够以图形方式操纵数据和实施恶意行动的工具都在监控中，即便他们只使用图形用户界面来发起攻击。在所有程序中，按钮和对话框都有明确的标签，指出它们是否是用来删除、下载或查询数据。因此，可像击键记录中那样，使用类似的自动化方法来查找昭示着恶意活动的关键字，并使用同样的代理技术来提醒安全团队或终止会话。

应用程序监控是挫败威胁行动者的重要一环。要执行管理任务，需要具备访问命令行或用户界面的特权，而通过对会话进行监控，可确定执行的操作是否是合适的。换而言之，当用户与资源交互时，通过监控会话可监控敏感的用户界面组件，以发现不合适的活动。图 10-3 是一个应用程序监控示例，监控表明用户对explorer. exe 的访问可能是不合适的。

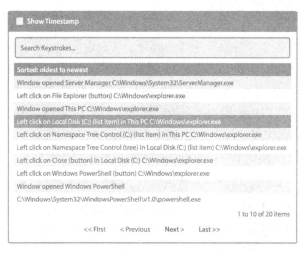

图 10-3 使用代理（agent）技术的应用程序监控

10.4 会话审计

特权会话审计是（第 20 章将讨论的）满足合规性动议要求的一种重要报告，并提供了支持这些动议（如威胁狩猎）的证据。虽然大多数 PAM 解决方案都能够记录会话，但让安全团队能够将注意力集中在可能实施恶意活动的会话上，并对其始终保持警惕的是自动审计功能，它可避免安全团队花大量的时间在实时记录的会话中大海捞针。虽然仅记录会话就能满足基本的合规性要求，但高效地实现它将极大地提高可持续性。

　　因此，出于审计的目的而着手记录特权会话时，请确保解决方案捕获了下面的信息并添加索引，以方便以后查询。

- 用来建立会话的账户。

- 会话发起方的 IP 地址或主机名。

- 指出会话持续时间（从开始到结束）的时间戳。

- 捕获用户的所有击键信息并添加相应的时间戳。

- 捕获用户看到的屏幕输出（可能输出到多个显示器），并添加相应的时间戳。

- 集中存储捕获的所有会话数据，以便回放、搜索和审计，同时采取合适的安全措施对其进行保护，以防范未来可能发生的恶意行为。

- 让审计人员能够在时间戳视图下查看会话，并给审计过的每个会话添加说明，供以后参考。

- 具有自动化的规则引擎，可根据关键字、会话属性或其他活动与会话交互，以实时隔离恶意活动，并对需要进一步审计的会话记录。

- 对记录的所有会话进行强加密，确保这些内容不能被篡改。

- 能够将过期的会话进行归档，以便备份、取证或保留证据。

- 可将图形界面结果导出到 OCR（光学字符识别）系统，以便做进一步的处理。

- 能够以事件的形式导出所有的数据，以供分析、人工智能和机器学习解决方案用来做进一步的行为分析。

　　所有这些信息让你能够对用户活动做全面的审计，并发现所有的错误或潜在的不当行为。

　　对任何特权监控解决方案来说，这些都不是锦上添花的功能，而是必不可少的，否则，将无法实现低摩擦（low-friction）的解决方案，也无法最大限度地降低用户会话记录过程中的观察者效应。

10.5 远程访问

在进行特权监控时，远程访问是最难啃的硬骨头之一。根据定义，特权远程访问不要求特权用户（供应商、承包商或远程办公人员）记住或共享他们需要访问的系统的凭证。凭证可存储在远程访问解决方案中本地存储、集成到密码管理器中或由用户手工输入，但最后一种做法有悖于基于 PAM 的远程访问解决方案的初衷。

为了集成特权远程访问和凭证存储解决方案，密码组件必须能够在用户不知道的情况下，将有效凭证无缝、安全地注入会话中。换而言之，其作用是提供无摩擦的体验。会话是直接根据你部署的基于角色或属性的安全策略建立的。

另外，会话审计带来了额外的挑战。远程访问通常是点对点的，为了执行会话审计，需要一个灵活的代理（proxy）或网关来路由所有的远程会话流量，以便执行会话记录。在这方面，用户体验也必须是无缝的，否则用户会想尽一切办法来绕开这种解决方案。

因此，为了帮助确保远程访问的安全，请考虑特权监控必须满足的下述要求。

● 集成或本机的密码管理功能。

● 使用灵活的网络架构无缝地捕获会话审计所需的会话记录。

● 支持多种协议，如 RDP、SSH、VNC 和 HTTP(S)。

● 允许在网络内通信，以及基于角色建立外部连接的安全功能。

● 灵活的部署模型（可以部署在本地，也可部署在云端），以支持软件即服务（SaaS）、基础设施即服务（IaaS）和平台即服务（PaaS）动议。

● 支持在常见操作系统和移动设备中建立基于授权用户的远程访问连接。

● 支持让解决方案使用多因子认证来批准合适的访问。

远程访问和特权监控带来了一些独特的挑战，但通过使用完全集成的 PAM 解决方案，可实现这些功能，让整个用户体验简单而轻松。

第 11 章

特权访问管理

特权访问管理（PAM）常被称为特权账户管理（PAM）、特权身份管理（PIM）或特权用户管理（PUM）。这些术语的差别不大，但在分析师社区，最常用的是特权访问管理（PAM）。根据头部标准组织和分析公司的定义，PAM 是身份和访问管理（IAM）的一个子集，IAM 也被称为身份和访问治理（IAG）。

PAM 的主要目标是确保组织的安全，避免有意或无意地滥用特权凭证来访问系统。这种访问可能是远程的，也可能用户就坐在键盘和显示器的前面（你可能认识到了所有这些风险，因为本书前面对此做了明确定义）。在组织因规模扩大、新市场开发或业务扩展而不断发展变化时，特权访问威胁将更具现实意义。信息技术系统越大越复杂，特权用户就越多。最近几年，组织的特权用户账户数量呈爆炸式增长，导致特权管理发生了翻天覆地的变化。这些新账户包括员工、承包商、供应商、审计人员乃至自动化用户，他们使用的解决方案位于组织内部、云端或复杂的混合环境中，而这种环境可能包含众多 B2B 连接。这没有降低小型组织对 PAM 的需求，却让安全专业人员在界定问题范围及实施风险缓解措施时面临的困难更大。所有企业和消费者都可能面临特权被作为攻击向量带来的风险，就算只考虑这一点，也必须确保 PAM 无处不在，尽管可能只需其部分功能就可缓解相关的风险。因此，为缓解特权被用作攻击向量带来的风险，成功的策略是实施 PAM 中与企业相关的部分，而不是全部。一般而言，企业规模越大越复杂，需要实现的 PAM 功能越多。

成功的 PAM 策略提供了最佳的安全工作流程，企业可按这个工作流程授权特权用户访问资源并进行监控。这让企业具备如下能力。

- 只授予用户必须对其访问的资源的访问特权（最小特权）。

- 在对第三方代理（broker）的资源进行特权访问时，确保其安全（零信任）。

- 仅在合适的时候授予特权，时间一到就收回特权（即时特权管理）。

- 让特权用户无须知道系统密码（密码管理）。

- 使用凭证管理对特权远程访问会话进行管理，确保其活动是合适的（安全的远程访问）。

- 确保可将所有特权活动关联到账户，并在账户被共享时，可将特权活动映射到身份（认证报告）。

- 集中而快速地管理对所有物理和虚拟资源的访问（无论它们位于企业内部还是云端），以支持需要特权访问的异构资源（资产发现）。

- 通过会话记录、击键记录和应用程序监控生成可持续的有关特权访问的审计线索（证据报告）。

- 将昭示着攻击的特权活动写入日志，以便对数据泄露事件快速做出响应（报告、分析和警告）。

特权访问管理的这些功能极大地限制了威胁行动者，使其难以神不知鬼不觉地获得特权访问。在能够对所有活动进行记录、监控、审计的情况下，威胁带来的风险将得到极大的缓解。如果不实施特权访问管理，你将对特权会话的建立时间以及这些会话执行的操作一无所知。图 11-1 说明了在 PAM 中使用特权密码管理解决方案时的典型工作流程。

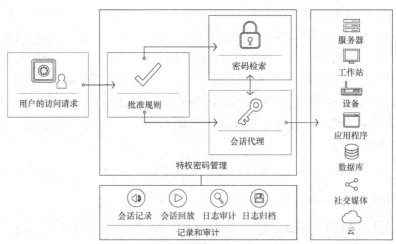

图 11-1　在 PAM 中使用密码管理解决方案

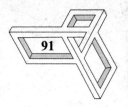

11.1 特权访问管理的难点

为了应对特权管理面临的挑战，必须知道在没有高效的特权访问管理策略的情况下将出现的一些问题。

- **不知道有哪些特权账户**：找出并记录组织中所有的特权账户和凭证是一项艰巨的任务，对那些依赖于人工流程和自制脚本的公司来说尤其如此。在大多数组织的遗留系统以及执行日常工作中被忽略的功能的一次性系统（用于执行日常工作中初忽略的功能）中，充斥着特权账户，其中很多早已被人遗忘。不同的团队可能各自为政，分别管理（甚至根本不管理）着自己的凭证，这使得难以跟踪所有的密码，更别说对谁可以使用这些密码以及谁使用了这些密码进行跟踪了。典型的用户可能能够访问数百个系统，这可能导致他们在维护凭证方面走捷径。另外，正如接下来的几节将讨论的，如果没有第三方工具，有些类型的凭证几乎不可能找到，更别说对它们进行管理了。

- **对特权凭证的监管和审计缺位**：即便 IT 部门找出了散落在企业各个地方的所有特权凭证，也并不意味着就能够知道在特权会话期间（即账户、服务或进程被授予特权的期间）具体发生了哪些活动。授予用户或管理员特权并不意味着就此不顾不问，放任他们随时使用相应的凭证为所欲为。另外，诸如 PCI 和 HIPAA 等法规不仅要求组织采取安全措施对数据进行保护，还要求它们能够证明这些措施的有效性。因此，出于合规性和安全考虑，IT 部门需要知道特权会话期间发生的活动。理想情况下，IT 部门还应该能够牢牢地控制会话，以防以不合适的方式使用凭证的情况发生。然而，在整个企业中，可能有数百个会话在同时运行，IT 部门如何能够迅速发现并制止恶意活动呢？这就是自动化如此重要的原因。虽然有些应用程序和服务（如活动目录）能够跟踪登录/注销事件及高级应用程序的活动，但只有特权访问管理解决方案能够让你判断活动是否是合适的。

- **出于方便共享特权账户**：IT 团队通常共享 root 用户、Windows 管理员账户和众多其他的特权密码，以便能够在需要时无缝地分担工作量和职责。然而，在多人共享凭证的情况下，可能无法将使用账户执行的操作关联到特定的人（身份），导致审计和追责工作更加复杂。

● **硬编码凭证和嵌入式凭证**：为了方便应用程序到应用程序（A2A）和应用程序到数据库（A2D）的认证以及 DevOps 交流和自动化，需要使用特权凭证。应用程序、系统和物联网（IoT）设备通常在出厂时内嵌了默认凭证（部署后也常常如此），这些凭证很容易猜出来，因此会带来巨大的风险，除非对其进行管理。这些特权凭证常常是明文，可能存储在脚本、代码或文件中。要保护嵌入式密码，必须将密码与代码分开，这样在密码未被使用时，它将安全地存储在中央秘密信息存储区中，而不是作为文件中的明文始终被暴露出来。

● **SSH 密钥**：IT 团队通常依赖于 SSH 密钥来避免手工输入登录凭证，以自动化的方式安全地访问服务器。SSH 密钥数量的剧增让数以千计的组织面临巨大的风险，这些组织的 SSH 密钥数量可能超过 100 万。由于 SSH 密钥数量巨大，其中很多可能处于休眠状态或早已被人遗忘，但依然可被威胁行动者作为渗透关键服务器的后门。在 UNIX 和 Linux 环境中，SSH 密钥更为流行，但也被用于 Windows 环境中。管理员使用 SSH 密钥来管理操作系统、网络、文件传输和数据隧道等。与其他特权凭证一样，SSH 密钥也不一定只与单个用户相关联，因为多位用户可能共享私钥和口令短语，并使用它们来访问持有公钥的服务器。与其他类型的特权凭证一样，如果组织依靠手工管理流程，则在多个 SSH 密钥之间重用口令短语以及重用 SSH 公钥的可能性将极大。这意味着在破解一个密钥后，就可使用它来渗透多台服务器。

● **特权凭证和云**：在云端和虚拟环境中，找出特权账户并进行审计的难度通常更大。云（SaaS、IaaS 和 PaaS）和 AWS、Office 365、Azure、Salesforce、LinkedIn 等提供的虚拟管理员控制台提供了大量的超级用户功能，让用户能够快速开通、配置和删除大量的服务器和服务。例如，基于云的虚拟服务让用户只需单击几下鼠标，就可管理数千台虚拟机（其中每台虚拟机都有自己的特权和特权账户）。随之而来的难题是，如何管理所有这些新创建的特权账户和凭证呢？另外，云平台本身通常没有提供用户活动审计功能，而要判断会话是否合适，这样的功能必不可少。还有，即便组织实施了一定程度的密码管理自动化（使用自制解决方案或第三方解决方案），但如果没有考虑云，也不能保证这些密码解决方案能够妥善地管理云凭证（可能只能管理基本的检入和检出），从而将密码暴露给最终用户。

- **第三方供应商账户和远程访问**：最后，组织面临的另一个难题是，如何扩展特权访问和凭证管理最佳实践，以覆盖第三方用户，如咨询人员或可能执行各种操作的其他供应商用户。如何确保授予远程访问用户或第三方的特权不会被滥用呢？为了让他们能够访问你认为合适的资源，需要提供哪些通信工具呢？如何确保第三方不会共享凭证且密码卫生良好（如在员工离开公司后终止授权凭证）呢？考虑到这些严峻的问题，必须将远程访问纳入到特权访问管理策略中。

11.2　密码管理

密码管理是一项简单的安全功能，用于帮助用户存储和组织密码。密码存储解决方案（常被称为密码管理器或密码保险箱）存储经过加密的密码，用户必须通过认证后才能检索其中存储的秘密信息或开启会话。这里假设这种解决方案旨在用于管理企业用户密码，并可能被个人使用。与其他解决方案一样，管理凭证用于管理密码管理器的配置，但使用这些凭证无法访问数据库或密钥链（进而检索未经授权的凭证）。

在企业环境中，要成功地实施密码管理解决方案，需要对上述概念进行扩展。解决方案需要支持基于角色的共享密码存储和检索，需要自动地轮换密码，提供以编程方式访问密码的 API，并提供审计、加密和日志功能（因为企业中存在大量的用户和应用程序）。另外，要将这种解决方案用于管理现代环境，其架构必须是模块化的，以便能够适应网络分段、防火墙和云资源。审计、加密和日志特性提供了会话记录和证据报告（attestation reporting）等功能。为了缓解特权威胁、证明合规性（不仅是在一个网络区域内，而且是在整个基础设施上），这些功能必不可少。

根据组织的需求，可以用不同的方式实施密码管理解决方案，这包括软件、硬件装置（appliance）、虚拟实例乃至云服务。不管使用哪种实现方式，目标都一样：确保特权账户密码的安全，最重要的是避免密码管理器本身成为企业的累赘。例如，如果不限制对密码管理器的数据库本身进行访问，密码随时可能被破解，进而让人能够访问企业管理的任何资源。组织宁愿承担将所有敏感密码存储在一个高度安全、容错性极高的地方带来的风险，也不想面临不受管理的特权访问带来的威胁。组织必须明白，密码管理器属于最重要的系统，必须采取合适的策略和流程确保其部署成功，这包括妥善地管理漏洞、补丁和配置，定期对高可用性、灾难恢复流程和打破玻璃（break glass）流程进行测试。

11.3 最小特权管理

最小特权的概念源自大型机安全。所有用户在刚创建时都没有任何特权，什么也做不了。这被视为一种完全封闭的安全模型。用户需要执行功能时，为其账户增加特权，以便执行特定的任务。这样，用户将只拥有执行特定任务所需的最小特权（权限），而没有任何其他可能导致特权滥用的特权。

在其他所有平台上，最小特权的工作原理都与此相同，无论平台是 UNIX、Linux、Windows 还是 macOS。可惜在 Windows 和 macOS 平台中，默认模型与此相反：用户刚创建时，默认为管理员。为了实现最小特权，需要向新用户和既有用户赋予基本的登录权，并按需赋予他们执行应用程序、任务和操作系统函数的权限。在这种模型中，基本账户为标准用户。这些基本权限让用户能够与操作系统和有限的应用程序交互，但不能执行任何可能给环境带来不利影响的修改。

这种模型存在的问题是，执行很多任务、应用程序和配置所需的权限比标准用户的权限高。为了解决这个问题，传统的做法是为用户提供一个管理员账户，供其用来执行这些任务，但这引入了特权攻击向量和风险。每个身份都至少有两个账户（一个特权账户和一个非特权账户），这让威胁行动者能够在同一个身份使用的两个账户之间横向移动。

在最小特权模型中，使用相关的技术提供了解决方案。通过策略和规则，向各个命令、应用程序和操作系统功能授予确保它能够正确运行所需的最小权限。对于用户，并不向他们授予权限，这对缓解可能攻陷用户运行环境的风险至关重要。需要时，根据管理员指定的条件提升应用程序的权限，让应用程序能够正确地运行，用户能够与之交互，这消除了用户多余的权限，可防止威胁行动者利用这些权限实施横向移动。这样做可达到最终目的，同时避免了为了让用户能够完成工作职责而赋予其特权。

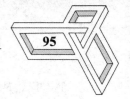

11.4　安全的远程访问

本书前文曾多次谈到远程访问，但并没有说明它为何是特权访问管理的一部分。咱们来看看有关威胁行动者的假设：它们可能是内部的，也可能是外部的。大部分特权攻击都是外部的，必须远程连接到资源。威胁行动者身处其他某地，通过某种形式的远程会话来实施恶意行为。因此，要攻陷环境，外部威胁行动者必须利用某种形式的远程访问。这合情合理，不是吗？为了支持供应商、承包商、审计人员、专业服务、托管服务提供商和远程办公人员，组织需要大量的远程访问会话，这提供了多个攻击向量，威胁行动者可使用它们来劫持远程访问会话或建立自己的通信路径。在这种情况下，保护企业比其他任何事情都重要。虽然这与《星际迷航 II》中的说法"多数人的需求比少数人的需求更重要"背道而驰，但从企业安全的角度看，这样的外部威胁是不能接受的。

基于上面的逻辑，远程访问必须是安全的，并：

● 能够安全地连接组织内部或外部的资源；

● 对每个会话的所有通信进行端到端加密；

● 提供强认证并将其集成到通用目录存储和多因子认证解决方案中；

● 在不使用虚拟专用网络（VPN）技术、基于客户端的专用软件或协议路由的情况下支持点对点特权访问；

● 支持所有的主流远程访问协议，这包括 RDP、SSH、VNV 和 HTTP(S)；

● 支持所有的主流操作系统，包括作为客户端的移动设备；

● 集成密码管理和最小特权解决方案，以免暴露凭证；

● 提供全面的特权监控功能（从会话记录到击键记录再到自动会话审计）。

上述功能可根据你的远程访问情况进行扩展，不过远程访问有一个需要特别注意的特点：远程访问毕竟是"远程的"，你可能无法控制和管理用来建立远程连接的资源。这种资源可能是员工的家用计算机、供应商的笔记本电脑或承包商的移动设备。如果用户在用于建立连接的设备上安装软件，将可能违反许可协议，导致与组织的其他基本配置不兼容的问题，甚至打开一条从你的组织到其他公司的可路由网络路径（VPN）。因此，务必确保在前面列出的各种功能中，不需要任何专用软件就能进行远程访问，这符合所有人的最佳利益。换而言之，确保远程访问是远程的，并按本书介绍的那样对其进行限制。

11.5　应用程序到应用程序的特权自动化

应用程序到应用程序（A2A）的特权自动化（privilege automation）指的是，使用应用程序编程接口（API）在应用程序之间自动管理存储在组织内部或基于云的实现中的凭证。如果你是商业应用程序开发人员或在为所在的企业开发自定义应用程序，可选择将凭证硬编码在脚本中、提供自己的凭证存储方式、将凭证放在代码中或将凭证放入文件中并进行混淆。这样做的主要好处是，让应用程序能够自动认证，而无须用户的干预。如果团队成员（如数据库管理员）使用的工具能够自动检索凭证，并在无须用户干预的情况下应用凭证（低摩擦且不影响观察者效应），那么不需要管理员权限也能访问数据库。另外，如果应用程序能够妥善地使用 API，它们就能够建立额外的数据库连接，与其他应用程序和实例通信并执行自己的功能，同时消除了自己存储凭证面临的风险。

通过使用密码管理器或 API 来保护凭证，使其不被威胁行动者窃取，组织和应用程序开发人员可得到如下好处。

- **安全的凭证管理**：无须输入静态凭证，开发人员通过调用 PAM API 来检索用户、应用程序、基础设施、云计算方案或数据库的最新凭证，以便进行认证，并在会话结束时释放凭证。这实现了自动的随机密码轮换；同时最终用户根本看不到用户名和密码。整个认证过程都是在幕后悄无声息地进行的，必要时还可进行全面的活动审计。对零信任网络来说，这是不可或缺的。

- **简化的开发人员访问过程**：连接到自定义应用程序时，不需要输入用户名和密码，这提高了敏捷性和响应速度。与数据库管理员一样，如果工具能够自动检索存储的凭证，最终用户根本不需要有管理员凭证就能访问数据库。用于服务、远程访问和基础设施的管理工具能够自动识别已登录的用户及其所在的资产，进而无缝地发出请求并传递凭证。对即时特权管理来说，这是不可或缺的。

- **防范密码重用攻击**：由于可在应用程序内直接传递来自 API 的凭证，IT

部门可保护运行时（runtime），并防范哈希传递和击键记录等破解方法，这让这种方法比传统的单点登录（SSO）技术安全得多。

● **供应商无关**：为了让开发人员能够访问 API 并帮助确保应用程序的安全，PAM 供应商支持各种编程语言，如 C#（.NET）、PowerShell、Ruby、Python、Java 和 Bash shell，还支持自动化语言，如 Ansible、Puppet 和 Chef。

最终结果是，清除了对静态密码的需要，并使用密码或密钥保护了应用程序的安全（无论应用程序是在云中还是在本地），而且这些密码或密钥在它们的运行时不会暴露给用户。常用的 API 函数提供了如下重要功能。

● 检索资产或应用程序的当前密码。

● 强制轮换密码。

● 注册或使用用于密码管理的资源，包括拥有账户的技术（操作系统、数据库、应用程序、云资源、社交媒体等）。

● 自动设置密码管理策略和准则（包括密码检索）。

● 访问有关会话监控的细节和事件。

● 定义用户组和资源组，以简化管理和报告工作。

11.6 特权 SSH 密钥

企业 IT 环境通常有数十台到数千台 UNIX 服务器，而负责管理它们的 UNIX 管理员只有几个。这些管理员通常依靠 SSH 密钥来帮助他们来高效地完成工作。这在方便访问的同时，SSH 密钥也可能带来与共享账户类似的安全风险。

● 在 UNIX 服务器中，SSH 密钥关联的是账户而不是用户。审计时，如果需要证明某个用户使用 SSH 密钥访问了特定的服务器，该怎么办呢？特权监控可帮助解决这个问题。

● 更换和管理 SSH 密钥的工作通常需要手工完成。在 UNIX 服务器中使用 SSH 密钥时，由于 UNIX 管理员通常只有几个，因此很容易出现设置 SSH 密钥后就忘了的情况。显然，这将带来巨大的运营风险：密钥越旧，被

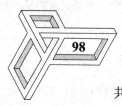

共享的可能性越大，被用来实施未经授权的访问和攻击的可能性也就越大。将盘点和管理 SSH 密钥的工作自动化有助于缓解这些问题。

● 手工管理和轮换 SSH 密钥时，通常会导致 IT 团队将相同的口令短语用于不同的 SSH 密钥。为了避免这种问题，需要使用口令短语存储解决方案。因此，IT 团队常常在不知不觉间让企业面临安全风险。如果口令短语落到了威胁行动者手里，他便能够在你的环境横向移动或创建自己的密钥。

与密码一样，组织应将 SSH 密钥的生命周期自动化——从发现到启用（onboarding）、轮换、分发、管理和销毁。这是特权访问管理的另一个用例。

11.7 目录桥接

应用程序和操作系统可使用本地的基于角色的访问安全模型，也可集成目录服务，如活动目录（AD）或 LDAP。可惜很多操作系统本身不支持跨目录认证，这意味着 Windows 账户不能用来向 UNIX 和 Linux 认证，因此需要创建别名账户来提供认证。

在复杂的环境中，这可能导致同一个用户可能有数千个账户，它们位于数千个系统中，对应的别名差别不大。这将带来密码管理噩梦和审计灾难（需要将大量的别名关联到一个人类用户、机器人身份或共享账户）。

对于这个问题，目录桥接提供了解决方案，它让非 Windows 操作系统能够根据活动目录中创建的账户来认证用户。因此，在向 UNIX、Linux 和 macOS 认证时，可使用用来登录 Windows 的账户和密码。从管理的角度说，这带来了如下好处。

● 每位用户都只有一个账户，且账户的凭证或多因子需求在所有平台上都相同。

● 最大限度地减少了别名账户，同时最大限度地减少了别名账户管理工作以及在活动监控中关联到用户账户的工作。

● 简化了单个用户的证据（attestation）报告工作，因为在所有平台中账户名都相同。

● 通过活动目录简化了非 Windows 平台中的账户发现和身份管理工作。

目录桥接很简单，带来的好处却很多：它避免了在非 Windows 系统中为用户创建额外账户，从而最大限度地降低了内部威胁人士盗用账户的可能性。由于消除了所有的别名，留给威胁行动者的账户后门选项更少了。这迫使威胁行动者只能去攻击受管的账户，这些账户可能是日常使用的，且不随资源而异。在这种情况下，通过数据分析、用户行为分析和日志记录，很容易发现恶意活动，因为所有的特权账户都与同一个目录存储相关联。

11.8　审计和报告

如果不具备审计变更、报告事件和调查结果、提供活动痕迹等功能，特权访问管理解决方案将只能缓解特权攻击向量带来的风险。虽然这已经是不小的成果，但在向审计人员证明合规性以及找出可能导致数据泄露的有意或无意错误方面，将毫无作为。

因此，要成功地部署 PAM，应考虑包含有助于记录变更和流程的组件，这包括：

● 针对授予账户特权访问的所有规则、策略和基于角色的访问提供报告（还包括资源更改文档）；

● 在所有操作系统中，使用 FIM 找出对敏感的操作系统文件、重要的应用程序以及包含业务敏感信息的非结构化数据，所做的未经授权的特权更改；

● 提供有关特权会话活动的详细认证报告，包括时间戳、击键记录和应用程序监控；

● 提供有关所有凭证检出、检入和轮换的证据报告；

● 记录每个资产、应用程序和用户请求（requesting）和利用提权的所有应用程序；

● 关于受管凭证健康情况的报告，这包括密码年龄（password age）、受管账户以及凭证和密钥轮换调度。

在实施这些功能后，将特权访问管理作为合规性的一个功能就变得相当简单了。来自报告、命令过滤和特权会话审核等的输出都将成为证据，证明你制定的标准操作流程是合理的。更重要的是，这些证据还将证明你提供了所需的安全措施，可防止特权被用作攻击向量。

11.9 特权威胁分析

虽然降低权限并遵循最小特权原则可最大限度地缩小攻击面，降低攻陷的潜在影响，但在有些情况下，有些员工和经过授权的第三方需要提权，以便能够完成其工作职能。这些用户给组织带来了巨大的风险，因为他们被授权执行敏感任务，并有权访问娇弱的数据仓库。对这些账户的控制和详细审计不在典型的身份和访问管理解决方案的范畴内，也不在用户开通（user provisioning）解决方案的范畴内。那么，当一个合法账户滥用授予它的特权时，如何判断这个账户是否已被攻陷呢？在本书前面，我们一直称之为行为是否恰当。为了说明这一点，我们将从最基本的概念着手。

datum 是最奇怪的英语单词之一。根据定义，datum 是数据（data）的单数形式，但很少用于交谈或书面文档中。datum 通常指的是单个信息点或范围或操作的固定起点。审核安全或调试信息时，我们通常将单个日志条目称为数据（data），但正确的说法应该是 datum。在安全领域，虽然这个术语被认为不适用，但很多重要决策都是根据单项数据（datum）做出的。在讨论分析、人工智能（AI）、机器学习（ML）和用户行为时，正确地使用术语很重要。基于有关用户行为的单项数据做出决策是错误的，因为分析、AI、ML 和用户行为需要的是数据。在这里的讨论中，我们将重点放在分析上。

如果一个分析解决方案根据单项信息做出推荐，那么与其说它是分析引擎，不如说它是事件监控解决方案或安全信息和事件管理器。例如，由用户、时间、日期和地点定义的单个事件不是分析，而是单项数据（datum）。将这项信息与其他事件数据关联起来，并进行关联处理，也不是分析，而只是按逻辑顺序审核多个事件的关联引擎。这种技术在几十年前就有了。

通过集群分析引擎、自适应关联引擎等对一系列事件进行处理时，我们所做的可能是分析。将单个事件关联到其他事件并不是基于可变事件数据的分析。要判断一个分析解决方案能否帮助你发现并解析安全异常情况，关键是留意其数据分析和吸收模型。

厉害的威胁行动者会竭力消除其在组织中移动、侦查或行动的痕迹。要确定特权是否被用作攻击向量，关键在于将威胁行动者试图使用或正使用特权账户的情况记录下来，这将基于异常行为生成有关威胁行动者活动的数据。如果再配以自动分析引擎，即便是最训练有素的威胁行动者，只要他胆敢渗透，也逃不出你的法眼。

当前的发展趋势是，通过实施高级威胁和行为分析来找出使用敏感账户发起的可疑行为。然而，在这些解决方案中，很多都要求做大量的历史数据分析，同时它们采用的是黑盒方法，且只分析高级数据元素，如日志或转发给 SIEM 的数据，因此并未得到大家的信任。另外，这些解决方案的重点是识别，而非阻止。在这个领域，集成的 PAM 功能可提供极大的帮助。PAM 是一种在线解决方案，可允许或拒绝对敏感资源的访问。PAM 采用的访问策略并非是非黑即白的，相反，它可动态地调整有关敏感系统、应用程序和数据的访问策略与批准流程。组织和安全专业人员应持续关注这个领域，因为这方面的进展将有助于自动确保组织的安全。

第 12 章
PAM 架构

特权访问管理（PAM）架构要获得成功，必须确保将特权安全贯穿到每个用户、会话和资产。传统上，组织首先实施的 PAM 核心部分是凭证自动管理解决方案，旨在对所有特权会话进行安全的访问控制、审计、警报和记录。PAM 的另外两个核心部分是最小特权管理和远程访问管理。在特权管理领域，应集成这三种解决方案，并使其协同工作。

特权凭证管理技术旨在用于管理本地与域共享管理员账户、用户的个人管理账户、服务账户、应用程序专用账户、网络设备、数据库凭证和自动账户，它们可能是内部的（on-premise），也可能位于云端。通过改善可追责性并加强对特权密码的控制，IT 组织可最大限度地减少特权威胁并满足合规性需求。

然而，如何部署这种技术取决于管理的范围以及到内部、虚拟或云端资源的连接性。另外，还需考虑高可用性、灾难恢复、"打破玻璃"场景以及故障恢复时间（可能出现故障的方面包括解决方案本身以及支持基础设施中的组件——从网络到互联网连接）。对于一级（Tier-1）业务关键应用程序来说，这些都是必须考虑的架构因素。

因此，要从单站点安装扩展到地理上分散的多站点安装，需要支持大量不同的配置。在传统的内部（on-premise）部署中，可使用下面的范式来配置 PAM 架构。

- **主动/主动：** 这种部署也被称为多主动（multiactive），允许有多个节点（分布式簇头）同时处于主动状态。每个节点都直接连接到数据库。

- **主动/被动：** 在这种部署中，需要两个实例（installation）。内部数据库被复制，主实例向辅助实例发送心跳缺失（missing heartbeat）信号，告诉后者是否该接管工作。

- **第三方故障切换：** 在只需要一个实例的部署中，可使用虚拟化技术通过复制来确保该节点始终可用，即便运行该实例的服务器因某种原因离线。

下面介绍一下这些部署方式的优点和缺点。

主动/主动模式具有如下优点。

- 可扩展性非常高，仅受限于数据库性能和网络带宽。

- 冗余的组件提供了高可用性。

- 可针对特定位置和网络区变更密码。

主动/主动模式的缺点如下。

- 冗余的外部数据库配置（如 Microsoft SQL AlwaysOn）可能带来高昂的费用，且需要配置专门的管理人员。对于一级应用程序，可能无法使用开源的数据库解决方案。

- 加固、监检、保护数据库和服务器属于客户的职责范畴。

主动/被动模式具有如下优点。

- 易于搭建。

- 高可用性由解决方案自身提供。

主动/被动模式的缺点如下。

- 需要使用外部负载均衡器自动将用户切换到活动设备。

- 故障切换过程不能瞬时完成，需要花费时间完成初始化。

- 如果冷备用（Cold Spare）版本的初始备份的时间已经很久，则数据库可能不同步或配置处于脑裂（split- brain）状态。

第三方故障切换模式具有如下优点。

- 使用单个实例以性价比极高的方式提供高可用性。

- 在托管服务器出现故障时，依然能够继续运行。

第三方故障切换模式的缺点如下。

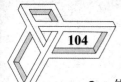

● 依赖正确地许可、安装和配置虚拟复制技术；

● 在软件出现故障时没有提供冗余。

　　无论选择哪种 PAM 可用性和容错方式，都需要根据部署位置来调整模型，并考虑是否需要采用混合模型。前面说的都是本地 PAM 部署的架构，但客户也可能以基础设施即服务（IaaS）、平台即服务（PaaS）或软件即服务（SaaS）的方式将 PAM 部署到云端。这些将在本章后面讨论，因为设计服务托管时，部署架构是不同的。为了帮助你搞明白在实施 PAM 时，应采用哪种架构和部署模型（云端还是内部）来实现目标及达成使命，表 12-1 对 PAM 成熟度模型做了描述。

表 12-1　PAM 成熟度模型

特权成熟度模型	1 级（缺位）	2 级（权宜）	3 级（标准化）	4 级（受管）	5 级（高级）
共享账户	● 在核实账户的使用人员和使用时间时，其能力有限 ● 未管理共享账户密码 ● 无法对访问和活动进行追责	● 人工控制和处理 ● 审计痕迹不可靠，可能缺失信息或信息不一致	● 自动发现、盘点和开通 ● 通过工作流程批准和自动轮换集中管理密码 ● 特权账户使用报告和审核	● 无密码的会话访问和管理 ● 使用 RBAC、ABAC 和 MFA 的上下文感知特权访问	● 身份集成（IAM、SSO、AD 桥接和 AD 审计） ● 高级覆盖（云、SaaS、应用程序） ● HSM 集成 ● 用户行为分析
应用程序和服务账户	● 未知、未管理 ● 过期账户 ● 密码可能是默认的或很容易猜到	● 粗略地记录 ● 硬编码的密码，因此可能暴露 ● 很少甚至不修改	● 有针对性的应用程序到应用程序管理 ● 消除部分硬编码的密码 ● API 驱动的检索	● 集中的应用程序到应用程序管理 ● 没有硬编码的密码	● DevOps 集成高容量和高可用性 ● 通过缓存提供冗余并提高性能
主动监控和威胁检测	● 不监控	● 分布式日志 ● 未将共享账户的使用关联到个人	● 集中审计控制 ● 将共享账户的使用关联到个人 ● 会话和击键的深度可见性	● 高级威胁检测和 UBA ● SIEM 集成 ● 自动添加关键字和活动索引	● 自动化特权-积极响应（拒绝、禁用、隔离、警报） ● IAM 集成 ● 平台无关性
桌面特权管理	● 未对具有本地管理特权的用户进行管理	● 消除或限制某些管理权限 ● 提供基本的桌面工具用于临时提权工具	● 集中管理密码 ● 有限的黑名单和白名单代理访问 ● 声誉服务	● 细致的提权控制 ● 控制远程访问会话 ● 文件完整性监控（FIM） ● 控制和监控横向移动	● 上下文感知的访问策略（用户风险、资产风险、ITSM 验证、MFA） ● IAM 集成（基于角色的职责分离） ● 桌面资产和用户策略独立性
服务器特权管理	● 未对具有 root 权限、本地管理权限、域管理权限的用户进行管理	● 筒仓式开源（SUDO）管理	● 集中管理密码 ● 有限的黑名单和白名单应用程序访问 ● 由代理或跳板服务器对通信进行控制 ● 平台相关性	● 基于账户、身份和应用程序的细致访问控制 ● 特权 shell ● 控制远程服务器会话 ● 文件完整性监控（FIM） ● 控制和监控横向移动	● 上下文感知的访问策略（用户风险、资产风险、ITSM 验证、MFA） ● IAM 集成（职责分离） ● 服务器资产和用户策略独立性

续表

特权成熟度模型	1 级（缺位）	2 级（权宜）	3 级（标准化）	4 级（受管）	5 级（高级）
基础设施和 IoT 特权管理	• 未对具有 root 权限的用户进行管理 • 凭证可能被重用或容易猜到	• 基于部门的简仓式管理 • 供应商相关的安全、加固和工具	• 集中管理密码 • 有限的命令级白名单和黑名单 • 堡垒主机充当访问代理	• 基于上下文和用户的细致访问控制 • 监控远程会话 • 控制和监控横向移动	• 上下文感知的访问问策略（用户风险、资产风险、ITSM 验证、MFA） • IAM 集成（基于角色的职责分离）
安全的远程访问	• 向互联网暴露远程访问协议 • 没有集中账户管理模型	• 通过 VPN 或反向代理等安全的隧道技术提供远程访问 • 未监控活动和会话	• 远程访问委托设备被隔离，并提供用于远程访问的堡垒主机 • 基于上下文感知原则的活动监控	• 实现了使用受管账户访问内部资源的工作流程 • 对活动和会话进行监控，以发现不恰当的行为和横向移动	• 仅在合适或需要的情况下开通用户的即时访问权 • 对活动和会话进行监控，以发现不恰当的活动 • 在不使用远程访问协议隧道的情况下支持直接与资源通信

12.1　内部部署

内部（on-premise）部署的特权访问管理解决方案在组织的防火墙范围内运行。可对它们进行配置，使其能够从外部管理资源，条件是允许它们从数据中心或授权的管理节点以带外方式连接到云。为此，只需使用前面讨论的任何一种范式，在公司数据中心部署软件、设施或虚拟设施来满足业务需求，同时妥善地配置一些组件，以便进行外部通信。无论是否需要带外通信，其实施都可以是隔离的（不能访问互联网），但必须有到目标系统的逻辑网络路由，以便能够使用基于代理的技术（或通过远程管理节点）远程修改密码、记录会话、捕获事件和管理通信。

最后一种架构与支持集中管理的内部邮件解决方案或防病毒系统很像。主要的差别在于，PAM 管理器需要解析主机名，并路由到每个受管的对象，以便修改密码，同时每个节点都必须能够解析服务器，并为 PAM 部署中的每种代理技术提供一条网络路由，以便进行密码变更、远程访问会话建立和最小特权管理。

如果网络在 DNS、NTP、AD 复制、路由或性能方面存在稳定性问题，PAM 部署的完整性可能是个问题。网络必须架构良好而稳定，因为 PAM 依赖于基础设施来高效地开通、管理和变更密码以及实施会话监控和最小特权。

对威胁行动者来说，不牢固的基础设施是让他们能够隐藏在"噪音"中的绝佳场所。来自 DNS、AD 复制、管理不善的日志的错误有助于威胁行动者隐藏身份，即便部署了 PAM。如果出现环境正常运行时不会出现的基础设施错误，务必考虑威胁行动者能否利用这些错误将自己隐藏起来。错误不应该是常态，如果环境的网络安全卫生很糟，即便再部署安全技术，也不能让基础设施更安全，而只会让它更复杂。

12.2 云端

基于云的特权访问管理部署有如下多种不同的形式。

● 云到云的特权管理，包括以密码形式实现的应用程序到应用程序（IaaS）。

● 基于云的特权访问管理，提供了所有重要的功能：密码管理、会话管理、远程访问、审计、报告和最小特权（SaaS）。

● 托管的特权访问解决方案（PaaS），它支持混合部署模型。

如果这是一个多选题，你的业务战略计划可能要求使用多种部署形式，因此部署是混合型的。只将特权访问管理用于企业的某一部分（silo），且不打算将其推广到所有敏感系统和特权账户的情况少之又少。即便最初的部署规模很小，以后也可能需要使用云来实现全方位管理。在决定选择内部 PAM、云端 PAM 还是混合 PAM 时，这一点非常重要。混合方法可以是 IaaS、SaaS 或 PaaS 的任何组合，同时使用内部（on-premise）实现来将它们关联起来。可根据组织的规模、复杂程度和地理分散度来选择合适的解决方案。在此过程中，务必要注意当地有关个人数据隐私和秘密信息云端存储的法规，因为这些法规本身就可能决定了一种部署模型比另一种更合适。

12.2.1 基础设施即服务（IaaS）

无论是在单个云提供商、多个云提供商中运行，还是必须满足当地法规方面的要求，云环境都需要像其他信息技术一样对应用程序和用户进行认证。应用程序到应用程序（或云到云和其他合适的组合）特权访问管理有一些不同于内部实施的独特需求。

● 高可用性架构可能要求添加额外的云实例来提供高可用性，以防出现最终用户无法控制的云或基础设施故障。

- 相关法规可能要求使用独立但相同的实例，并根据当地法律对数据进行过滤。

- 环境可能使用公有和私有 IP 地址来提供必要的服务，并需要采取特殊措施来确保这些 IP 地址的安全。

- 环境可能因网络设计不佳或并购而存在冲突的 IP 地址和主机名，导致无法从云端正确地解析它们。

- 由于是公共服务，因此在缓解威胁方面，漏洞管理比特权访问管理更重要。

- API 访问要求进行特殊而广泛的管理，以确保访问安全并减少授权源的暴露。

- 对于位于云端的敏感数据（如密码），必须采取额外的数据库安全措施（如HSM）来加以保护。对 SaaS 来说，这可能是基本特性，但 PaaS 没有。

对于只想在云端执行 PAM 的组织来说，实施解决方案的技术途径有多个，其中最常见的途径是使用黑盒技术，它们基于托管在云市场（Amazon AWS、Microsoft Azure、Google Cloud、Oracle Cloud 或第三方托管服务提供商）中的 PAM 解决方案。这使公司可以使用加固的 PAM 部署，它们基于不同的许可模型和云费用。有些 PAM 供应商还提供可以在云操作系统模板中实例化为软件实现的解决方案。对客户来说，这些解决方案的灵活性最高，但安全、加固和操作系统配置则由客户（而不是云提供商或 PAM 供应商）负责。这些类型的实现可能因环境在基本网络安全卫生方面的内部瑕疵而面临更高的风险，但优点是可高度定制，能够满足独特的需求。

12.2.2　软件即服务（SaaS）

以 SaaS 方式部署的特权访问管理解决方案只能在云端运行，它们可能要求使用内部管理节点来路由密码变更、执行远程访问、部署策略以及聚合事件。这些实现完全由 PAM 供应商管理，并与供应商的单租户或多租户安装中的其他 PAM 客户共享云资源。当前，使用 SaaS 的云端 PAM 解决方案很少，但企业越来越愿意将密码、策略和 PAM 管理工具存储在云端。导致这种潮流的原因是，一些供应商和托管服务提供商（MSP）提供了基于商业 PAM 产品的服务，这些服务的性价比很高，且几乎不要求最终用户具备相关的专业知识。

与其他 SaaS 解决方案一样，从云端管理密码、远程会话和最小特权访问时，也应考虑如下方面。

- SaaS 产品是单租户还是多租户的？产品修改可能导致意外的服务中断或对变更控制窗口造成影响。

- SaaS 解决方案支持哪些地区？它们可提供覆盖全球的部署吗？

- 解决方案如何处理数据隐私？它们符合 GDPR 等法规的要求吗？

- SaaS 供应商遵循了 SOC、PCI 和 ISO 标准吗？对于联邦政府客户，它们提供通过了 FedRAMP 认证的版本吗？

- 在正常运行时间和性能方面，它们的 SLA 是什么样的？

- 在缓解安全威胁方面，它们的 SLA 是什么样的？它们发布了公开渗透测试的结果吗？

- 它们的财务状况如何？是上市公司还是私有公司？

- 它们的高可用性模型是什么样的？

向供应商购买以 SaaS 应用程序的方式提供的一级解决方案时，应提出的问题可能还有几十个。特权账户和远程会话就是公司的命脉，将其交给第三方进行管理前，确定它们的安全措施更严格，这样才能防止特权账户和远程会话成为事故的温床。

12.2.3 平台即服务（PaaS）

可将 PaaS 视为黑盒。它向你提供了执行特定任务所需的所有功能和特性，同时没有软件解决方案存在的维护麻烦。PaaS 与 SaaS 的不同之处在于你可以在 PaaS 上进行操作和定制；相似之处在于，可用一揽子解决方案的方式部署升级和安全补丁，并将操作系统和应用程序作为独立的实体来部署。

在很多情况下，PaaS 不过是将内部软件迁移到云端的结果，但做了一些改进，使其更像黑盒而不是内部技术。在特权访问管理方面，虚拟设备就是这样的典型。供应商对其内部解决方案进行修改，得到一个黑盒版本，并将其部署到 AWS、Azure 和 Google 等领先的云市场中。黑盒版本的使用体验与内部解决方案相同，但客户无须自己部署它们。你只需单击几下鼠标，就可将内部 PAM 平台迁移到私有云实例中。然而，这种部署模型也有一些需要注意的独特之处。

- 尽管你可以维护平台，但不能控制虚拟机管理器（Hypervisor）及其安全性。务必确定云提供商会积极地关注云安全，因为云中有打开你的王国大门的钥匙。

- 务必留意平台的运行开销。将 PAM 解决方案转换为 PaaS 后，必须全天候运行，这可能带来高昂的 CPU 和存储开销。在很多情况下，这可能比在你自己的 Hypervisor 中运行类似 VM 的开销更高。

- PaaS PAM 解决方案通常没有利用容器和微分段等现代开发概念，而是作为一个整体从内部迁移到云端。它们虽然能够正确地运行，但在开销、可扩展性和容错方面未经优化。与内部架构一样，所有这些方面都是必须考虑的。

- 最后，请注意 PaaS、IaaS 和 SaaS 之间的灰色地带。很多解决方案都可以在这 3 种模式下运行，但供应商的实现是否满足了客户的安全和业务需求呢？这得由客户来判断。仅仅托管在云端并不意味着就是 PaaS、IaaS 或 SaaS，而可能是三不像。

第 15 章将更深入地讨论这 3 种 PAM 架构。

第13章
"打破玻璃"

"打破玻璃"（break glass）是一个信息技术术语，指的是解决灾难性问题，犹如打破火警报警器的玻璃罩以便迅速报警一样。在特权密码管理解决方案中，打破玻璃指的是出现紧急情况，无法以传统方式获取敏感账户时，以人类身份获取它。换言之，为了恢复运行，需要一个特殊的特权凭证，但由于发生了灾难性事件或故障，你无法获得。因此，出现打破玻璃的场景时，将绕过标准操作流程和访问控制，因此仅在最极端的情况下才允许这样做。获得这些凭证的方法随故障以及允许用户带外特权访问给业务带来的影响而异。

在打破玻璃的过程中，用户在需要马上使用凭证时对其进行检出或重置，虽然这名用户未被授权对系统进行管理。这种方法通常用于级别最高的系统账户，如UNIX 和 Linux 的 root 账户、数据库 SYS 或 SA、Windows 管理员（本地管理员或域管理员）。这些账户的特权很大，通常没有将其分配给特定的身份，因此在打破玻璃的流程中，不会采取各种控制措施来限制对它们的访问。然而，由于对打破玻璃凭证的获取不受限制，因此如果这种获取方式实施得不正确，将可能带来令人无法接受的安全风险。

网络中断、应用程序故障和自然灾害等会导致特权访问管理解决方案不可用，进而引发打破玻璃的场景。因此，在设计打破玻璃策略和在实现时，必须考虑备用电源和网络冗余等因素。另外，威胁行动者可能将打破玻璃的流程作为目标，因为它提供了可用来发起攻击的凭证。因此在设计中，还应考虑对打破玻璃流程中使用的凭证进行访问限制和监控。

信息技术管理员部署关键基础设施以确保系统访问安全时，通常必须考虑打破玻璃的场景。下面是 3 种常见的打破玻璃的场景。

● 在紧急情况下无法直接访问受管的系统，为救场而取出打破玻璃凭证。

- 由于关键系统出现故障或批准人联系不上，因此不再按标准操作流程获取打破玻璃凭证，目标是尽快恢复服务。

- 从保险箱或其他离线备份（如 U 盘或其他放在安全位置的移动介质）中获取密码。

13.1 打破玻璃的流程

制定打破玻璃的策略时，有一些重要因素需要考虑。

- 预先为获得授权的打破玻璃用户（新的或既有的）创建紧急账户，并以让其能够快速获得的方式进行管理和分发。应确保需要时不存在管理延迟，同时采取合适的限制措施以防落入威胁行动者的手中。在实施时，应将打破玻璃账户及其分发流程记录下来并进行测试，同时妥善地管理这些账户，确保需要时可及时获得。可将这些账户存储在可用性极高的密码管理器中，同时在其他介质中存储其物理备份，并将这些介质放在高度安全且防火的环境中。

- 为了满足审计要求，以便跳过了批准过程，系统也应在日志中详细记录谁使用了打破玻璃凭证以及使用它执行了哪些操作。另外，IT 管理员应对日志进行审核，以确保在打破玻璃过程中遵守了变更管理流程。

- 如果打破玻璃的流程不是使用密码管理技术实现的，而是通过将打印出来的密码存储在保险箱来实现的，则应定期更新，并以人工方式测试其有效性。应只允许精挑细选出来的用户能够接触保险柜钥匙，并像对待其他敏感信息那样对待这些钥匙。

13.2 使用密码管理器的打破玻璃解决方案

为了在正常的登录和认证流程失败时能够访问环境，信息技术（IT）组织通常采用使用密码管理器的打破玻璃解决方案。IT 团队通常向 LDAP 或 AD 认证，然后用户将执行 sudo 或最小特权解决方案来获得受管的管理特权。如果这种方法不管用，将启动打破玻璃流程，这要求 IT 团队提供账户的密码并指定参数（时间范围、特权、范围等），以访问应用程序或系统。

在正常情况下，需要使用特权密码的用户通过访问密码管理器来检索密码或建立会话，以便能够执行分配给其角色的任务或操作。这要求密码管理解决方案具有相应的权限，能够对用户访问目标资源的密码进行管理、轮换和保护。指望用户记住并轮换其所有密码肯定不可靠，而且风险更大，当其中有可用于打破玻璃的密码时尤其如此。

因此，使用密码管理器时，请想想下面这些打破玻璃用例。

- 需要受管密码的用户无法登录密码管理器。
  - ➢ 修复问题，让用户能够访问密码管理器。
  - ➢ 重置受管的凭证。
  - ➢ 重置用户用来访问密码管理器的密码。
- 无法向密码管理解决方案认证。
  - ➢ 修复关键路径的网络连接性。
  - ➢ 恢复密码管理解决方案与关键认证服务之间的连接性。
  - ➢ 修复认证系统。
  - ➢ 在非常安全的地方存储打印的密码副本。
- 密码管理解决方案不可用。
  - ➢ 修复网络连接性。
  - ➢ 通过容错节点访问解决方案。
  - ➢ 修复密码管理解决方案。
  - ➢ 通过密码缓存获取密码。
- 受管的密码无效。
  - ➢ 使用密码管理解决方案自动生成新密码，以刷新密码。
  - ➢ 使用密码管理器的密码历史记录功能找出最后一个有效的密码。

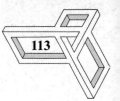

- 局部灾难性连接异常。

  ➢ 如果关键服务不能正常运行，可能需要 iDRAC、管理网络或救生车（crash cart）来访问。

  ➢ 因网络连接问题导致无法访问时，不受网络分段影响的横向连接可提供打破玻璃访问。

- 因规程或工作流程导致无法访问。

  ➢ 在规定的时间内联系不到批准人。

  ➢ 系统所有权导致用户（如员工、承包商或供应商）的访问受到限制。

  ➢ 因时间约束或重大事件需要立即不受限制地访问。

13.3 会话管理

在非打破玻璃的用例中，企业密码管理解决方案通过某种会话管理器、代理或网关来建立连接，以便记录活动并实施分段。通过设计，可使得必须先访问会话管理器，然后才能连接到目标网络和系统。在打破玻璃的用例中，由于存在某种形式的故障，因此不要求这样做。为了在打破玻璃的过程中实现访问，一种选择是降低安全措施以恢复可用性。然而，与其他所有基于风险的决策一样，必须审核并记录相关的风险和好处，并让整个组织协调一致。对于任何未按正常操作流程授予的访问，都应如此。另一种替代途径是使用控制 iDRAC 的管理网络或终端服务器，在打破玻璃的场景中，这种方法可能比降低安全措施更安全。在这种情况下，可监控对管理网络的访问，从而提供类似的控制和安全保障。在打破玻璃的场景中，应提供下面两种访问会话管理器的方式，以防出现故障。

- 控制第三方对受管系统的访问。

  ➢ 通过备用连接提供访问环境的替代途径。

  ➢ 禁止会话管理器访问主系统（不推荐）。

- 访问另一个数据中心的会话管理。

  ➢ 打开绕过会话管理设备的网络路径（不推荐）。

> ➤ 访问另一个数据中心或灾难恢复环境中的会话管理设备。

> ➤ 独立地运营会话管理，让管理网络能够提供访问。

13.4   过期的密码

在很多情况下，即便没有出现技术故障，存储在密码管理器中的密码也可能过期。在恢复备份映像、撤销虚拟快照或根据模板部署新实例或系统时，都可能导致这样的情况发生。在这些用例中，打破玻璃密码管理器自动轮换了整个环境中人类用户、服务或内置账户的密码。

因此，没有人知道正确的密码，同时由于密码未被写下来，因此无法人工检索。在正常运行期间，密码管理器会随机地更改密码、更新受管的系统、存储并测试新密码。这就是存在冲突的原因。

如果这个过程失败了，该怎么办呢？下面是一些相关的建议。

● 如果工具无法修改单个或少量的密码：

> ➤ 修复连接性或核实系统的配置，以便根据目标的独特性来修改密码；

> ➤ 使用另一个有合适特权的账户手工修改密码。大多数密码管理工具都提供了一个用于执行这种运营任务的账户，这个账户通常被称为功能账户（functional account），这将在第 24 章更深入地讨论。

● 如果工具无法修改任何密码：

> ➤ 修复网络连接性或系统访问；

> ➤ 核实功能账户是否有合适的特权，可用来远程管理密码；

> ➤ 核实 AD、NTP、DNS 等支持的服务都能正确地工作。

● 如果不知道内置账户的密码：

> ➤ 使用功能账户随机地修改内置账户的密码；

> ➤ 修复系统，其方法是重启并进入单用户模式，然后再使用救生车或知道的特权账户修改密码。

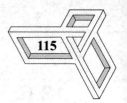

● 如果不知道服务账户的密码，导致服务不再启动：

➢ 使用功能账户随机地修改服务账户的密码。

➢ 使用存储的凭证建立到系统的特权连接，再手工设置服务账户的密码并启动自动密码管理。

13.5　应用程序到应用程序密码

对于应用程序到应用程序（A2A）用例，IT 管理员或开发人员实施了密码管理器，以免将凭证、密码或密钥硬编码到配置文件、脚本或编译后的应用程序中。相反，应用程序、脚本和配置文件将通过应用程序编程接口（API）来访问密码管理器，以检索当前密码，再执行恢复到正常状态所需执行的任务。远程运行的节点或应用程序本身可能缓存从密码管理器中检索的密码供以后使用，并在会话结束后将密码释放。为此，环境必须禁止在应用程序运行期间变更密码，或只允许在不影响应用程序的授权变更控制窗口内调用密码变更。IT 管理员必须熟悉密码轮换流程，以及不定期地执行该流程可能给运营带来的影响。下面是一些推荐的措施。

● 如果自动化作业或应用程序出现故障：

➢ 修复密码管理解决方案；

➢ 启用 API 容错；

➢ 在脚本、配置或应用程序中添加缓存，使其免受网络、连接性和密码管理故障的影响；

➢ 手工或自动地循环利用资源，确保满足用于检索凭证的所有条件；

➢ 在应用程序或作业中实现自动重试功能，以刷新包含当前凭证的缓存。

● 如果自动作业或应用程序要求控制密码变更：

➢ 在维护窗口内调度密码变更；

➢ 开发在 API 查询失败时能够容错或恢复的应用程序。

13.6 物理存储

对于任何打破玻璃的场景，都应考虑包含终极打破玻璃解决方案（获取密码的物理副本）的恢复计划。存储特权密码的物理副本存在与生俱来的风险，但只要采取妥善的物理安全措施来安全地存储凭证，以物理方式存储写有凭证的纸张将是最佳的打破玻璃解决方案之一。

因此，对于物理凭证存储，推荐采取如下做法。

● 创建凭证的纯文本副本，并在安全的地方自动打印它或将其存储在可靠的移动介质中。不管采用什么类型的格式，确保最终的存储位置是高度安全的。

● 根据你的打破玻璃流程的要求，使用离线加密包对数字介质重新加密，再将其写入 U 盘或 CD。别忘了将离线加密后的密码备份到安全的地方，通常这是另一个密码不同的保险箱。这将以双因子认证方式对离线版本进行保护。

● 将创建并存储打破玻璃密码的整个过程记录下来，并定期地轮换和测试密码。

最后，与其他所有灾难恢复流程一样，在实现这个流程时，必须遵守所有相关的法规。

13.7 上下文感知

对于需要从组织外部访问的打破玻璃凭证，对其进行保护时可能面临严峻的挑战。为了妥善地保护它们，需要对访问请求应用上下文，并对请求的所有运行时参数进行评估，以实施合适的访问控制。这有助于缓解试图盗取这些专用凭证的外部威胁行动者带来的风险。

● 试图登录的人是谁？

● 他试图访问哪个系统？

● 他是从什么地方发起登录请求的？

- 他是在星期几试图登录的？

- 他是在什么时间试图登录的？

通过应用上下文，可集成特权访问管理最佳实践，为组织提供更好的保护，使其免受攻击。例如，如果你的打破玻璃账户仅供紧急情况下使用，请确保它仅在下班期间可用。如果预期这个账户将被远程办公人员从家里访问，请核实访问请求是否来自经过授权的安全远程访问解决方案。因此，务必对所有打破玻璃的请求都应用上下文。

13.8 架构

在打破玻璃解决方案的组件或密码管理系统本身（因自然灾害或故障）不可用时，多级冗余可缓解你将面临的数据丢失或访问能力下降的风险。灵活的高可用性部署架构可确保密码始终可用，无论所有组件都安装在同一个数据中心、位于多个地方还是托管在云端。传统上，这是架构和防御措施在启用打破玻璃流程前的当务之急。在灾难恢复流程中，还应考虑凭证的物理副本，但任何 PAM 解决方案的架构都应仅在万不得已时才依赖打破玻璃流程。

最后，为应对整个 PAM 基础设施短期停用（计划的或意外的）的情况，可使用云端 PAM 解决方案来存储和检索密码。对于这种解决方案，虽然需要通过配置使其在外部（off-premise）缓存或复制密码，并对这些信息进行保护以免被外部威胁行动者盗用，但这种架构部署模型可最大限度地提高可用性。

13.9 打破玻璃后的恢复

打破玻璃事件发生后，需要恢复到正常运行状态。在此过程中，需要考虑一些安全和运营事件。这可能有点深奥难懂，但打破玻璃流程旨在在最糟糕的情况下提供访问。如果过早地恢复，或没有对变更控制、检查和平衡进行核实，打破玻璃流程可能被用来向组织发起攻击，或导致类似的事件再次发生。因此，在恢复正常服务前，请考虑以下几点。

- 导致需要启动打破玻璃流程的事件是什么？

- 可避免这种事件再次发生吗？

- 对打破玻璃凭证的访问是否合适？

- 在打破玻璃的流程中，是否有未被保护的资源？

- 在启动打破玻璃的流程时通知了谁？

- 打破玻璃的流程是否带来了新的风险（数据丢失、资源暴露等）？

如果能够对这些问题做出满意的回答，便可将服务恢复到正常运行状态。恢复服务后，接着回答如下问题。

- 打破玻璃事件发生后，服务恢复过程是否是准确的？如果不是这样的，如何改进或修复？

- 打破玻璃事件发生后，所有电子凭证和密码都重置或轮换了吗？

- 所有的物理凭证存储是否都已恢复？用于访问物理存储的密码是否已重置？

- 是否对所有的打破玻璃会话的活动进行了核实和审计，确定它们是否是合适的？

- 事故发生后，打破玻璃凭证是否重新得到了全面保护？

如果打破玻璃的场景反复出现，就需对整个打破玻璃的流程进行评估，避免它被启动。导致打破玻璃流程被启动的原因有很多，包括硬件故障、网络异常以及在紧急情况下关键工作人员联系不上。恢复正常服务前，务必对打破玻璃事件做全面的事后分析。

对于所有的敏感特权账户，都应制定打破玻璃的流程。请使用技术来提供支持，并将物理访问作为备用措施，避免推荐的控制措施不会成为组织的累赘和威胁行动者的金矿。

第 14 章

工业控制系统和物联网

14.1　工业控制系统

制造、运输、供水和能源领域的关键基础设施系统都严重依赖于信息系统来实现监视和控制。传统上，工业控制系统（Industrial Control System，ICS）将物理隔离（分段）作为主要的安全措施。但是，现代控制系统的架构、管理流程和成本控制措施导致公司环境和 ICS 环境越来越紧密地集成在一起。虽然这些互联提高了运营可见性和控制的灵活性，但也可能带来隔离的 ICS 未曾面临的风险。

通过互联网络，ICS 系统可能面临已攻陷互联网和公司网络的威胁行动者带来的风险，还可能面临滥用特权的内部人士带来的风险。ICS-CERT（Industrial Control Systems Cyber Emergency Response Team，工业控制系统网络应急响应小组）提供了 ICS-CERT 警报（alert），以帮助所有者和运营者监控这些威胁，还提供了可操作的 ICS 系统威胁缓解指南。

ICS-CERT 倡导基于深度防御原则来实现最佳的安全实践，这包括但不限于表 14-1 列出的措施。

表 14-1　ICS 风险矩阵与特权访问管理之间的对应关系

风险向量	ICS-CERT 建议	特权访问管理（PAM）
安全的密码	尽可能删除、禁用或重命名所有的默认系统账户	实现支持企业密码管理、密码轮换、活动会话管理和会话记录的特权密码管理解决方案。这是一种有效的方法，可消除众多常见的难题

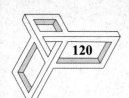

续表

风险向量	ICS-CERT 建议	特权访问管理（PAM）
强密码管理	制定并实施要求使用强密码的策略	实现具有如下功能的密码和特权会话自动管理解决方案：特权账户的安全访问控制、审计、警报以及记录。PAM 可通过如下方式加强 ICS 和互联环境的安全性： ● 确保所有设备都没有默认密码 ● 确保每台设备的密码都是复杂而独一无二的 ● 根据密码年龄或使用情况自动轮换密码 ● 限制管理性访问和通信
降低暴力攻击风险	实施账户锁定策略，降低暴力攻击带来的风险	实施可作为安全飞地（enclave）模型部署的 PAM 解决方案，确保所有特权账户（员工、承包商和第三方）都不能直接用来管理这些设备。这种模型确保只有批准的设备和受到限制的网络路径可用来与受保护的资源（包括控制系统 HMI［人机接口］计算机）通信
最大限度地减少网络暴露	实施防火墙和网络分段，以缩小攻击面，降低在攻陷的环境中横向移动的风险	使用这种最佳实践模型来保护敏感服务器和连网设备，确保所有管理活动都由管理服务器代为执行，进而确保每个会话都获得了批准、被关联到特定的用户并得以正确地审计，同时在每个会话结束后都自动轮换密码
安全的远程访问	部署并及时地更新远程访问解决方案，如 VPN	ICS-CERT 认识到，诸如 VPN 等远程解决方案的安全性不可能超过连接的设备，因为为了确保远程访问的安全，更佳的方法是使用 PAM 解决方案，这样可以不需要协议隧道。PAM 解决方案可通过全面的控制和特权账户（如共享的管理账户、应用程序账户、本地管理账户、服务账户、数据库账户、云账户、社交媒体账户、设备和 SSH 密钥）审计确保远程访问基础设施固若金汤
第三方供应商	对第三方供应商创建管理员级账户的行为进行监控	启用安全远程管理： ● 供应商使用 PAM 和既有的远程访问设施来访问 ICS 资源 ● 供应商通过 PAM 认证并请求建立到受管资源（可能包括运行 ICS 控制软件的系统）的会话。请注意，这种会话受到限制，只能访问特定的设备和特定的控制系统应用程序，这进一步降低了攻陷和横向移动的风险 ● 供应商使用原生远程桌面工具（MSTSC、PuTTY 等）或 RDP/SSH 会话（它们是由 PAM 代理，旨在对会话进行监控） ● 所有供应商活动都被写入日志，还可能被录制下来，这旨在遵循安全和合规性策略
漏洞管理	尽可能在 ICS 环境中安装补丁，缓解已知漏洞带来的风险	漏洞管理流程可找出网络、Web、移动、云、虚拟和 IOT 基础设施中的安全漏洞，分析它们对业务的影响并修复漏洞。 ● 发现网络、Web、移动、云、虚拟和 IOT 基础设施 ● 分析资产配置和潜在的风险 ● 找出漏洞、恶意软件和攻击 ● 分析潜在的威胁、修复带来的回报等 ● 通过高级威胁分析来隔离高风险资产 ● 修复漏洞，包括默认密码和弱密码 ● 生成有关漏洞、合规性和基准方面的报告 ● 保护获得批准的影子 IT 设备免受攻击

续表

风险向量	ICS-CERT 建议	特权访问管理（PAM）
威胁检测	ICS-CERT 推荐通过监控找出可疑的活动，并报告发现的情况，让 ICS-CERT 能够提供事故响应支持，并关联到其他类似的事故	通过分析用户行为和风险，信息技术和安全专业人员可从事故中找出潜在的攻击和攻陷迹象。安全信息和事件管理器（SIEM）和威胁分析解决方案可设置正常行为基准，进而通过如下步骤来发现昭示着严重威胁的异常情况： ● 聚合用户和资产数据，以集中建立基准并跟踪行为 ● 整合各种资产、用户和威胁活动，以揭示严重的风险 ● 对资产和用户的行为与已建立的基准进行比较，找出正面临的威胁 ● 隔离行为异常的用户和资产 ● 生成报告，为安全决策提供依据 组织部署的威胁检测解决方案必须考虑并整合可获得的所有安全数据，且不应依赖于单一的事件和信息来源

ICS 是 PAM 技术保护的垂直领域之一，实施 PAM 解决方案带来的好处显而易见。

● 发现互联的公司和 ICS 基础设施中所有受管与不受管的资产。

● 自动发现和盘点第三方供应商使用的特权账户。

● 将所有凭证和 SSH 密钥存储在安全的数据库中，从而提供了集中控制。

● 有条不紊地轮换所有受管系统的密码，降低了供应商凭证遗失或被盗带来的风险。

● 实施安全的供应商飞地，将 ICS 和供应商设备隔离，从而降低了恶意软件和攻击带来的风险。

● 核实所有的受管系统和设备都没有默认密码。

● 按智能规则自动管理所有受管设备，并为每台设备存储独一无二的密码。

● 根据密码年龄自动轮换每台设备的密码，并在每个远程供应商会话结束后也这样做。

● 提供完整的设备访问工作流程，包括批准远程供应商访问设备的流程。

● 记录所有或部分远程会话，并通过回放对访问设备时发生的情况进行审核。

● 提供有关远程访问时使用和请求了哪些凭证的详细报告。

只要采用上述推荐的做法，并遵循 ICS-CERT 提供的安全指南，便可确保 ICS 设备的安全，使其免受特权攻击向量的威胁。

14.2   物联网

物联网（IoT）带来了一系列与特权和资产攻击向量相关的独特威胁。根据定义，IoT 设备是专用资产，使用嵌入式操作系统来执行特定的功能。它们有一些独有的特征，如能够与物理环境交互、采用本地化的基于角色的访问控制，还可能使用 Web 服务器来提供指定的功能。

IoT 设备包括基于网络的相机、数字录像机、温度调节装置、照明设备、个人数字助理等。每天都有新的基于网络的 IoT 设备面世。另外，这些设备可分为商用的（如生物特征门禁）和家用的（如蓝牙门禁数字键盘和温度调节装置）。这些类型的设备已存在多年，但直到最近才被广泛使用，同时发现它们带来了大量的安全风险和特权攻击向量，进而被打上 IoT 的标签。随着 IoT 设备的日益普及，需要确保它们不会给标准的业务运营带来无谓的安全风险。然而，这些设备很多在设计上就是不安全的，存在无法解决的缺陷，其默认凭证或存在缺陷的嵌入式操作系统等可被用来攻陷整个组织。这些设备很容易成为威胁行动者的目标，因此为降低特权安全风险，所有 IoT 部署都应考虑如下 7 条建议。

- **将网络分段**：使用现代网络路由器和交换机提供的基本功能，确保所有 IoT 设备都是通过独立的无线网络和 VLAN 联网的。对于来自 IoT 的流量，如果其目的地是不应直接与这些设备通信的关键服务器、数据库和工作站，应显式地阻断。这样即便有 IoT 被攻陷，也不能直接用来盗取关键信息。在可能的情况下，应对前往互联网和其他可信网络的所有 IoT 网络通信进行监控，以便及时地发现任何异常行为。

- **管理所有的凭证**：几乎所有的 IoT 设备在出厂时都提供了用于初始配置的默认密码，这带来的风险非常大。最终用户应将这些设备中的所有用户名都改为独特的，将所有密码都改成复杂的，并考虑至少定期地修改密码。这是密码管理解决方案的用武之地，它可帮助缓解威胁，确保每台设备的密码都是独一无二的，从而避免密码重用。

- **限制连接**：无论是什么类型的 IoT 设备，都绝对不要使用公有 IP 地址将直接连接到互联网，否则它们迟早会被攻陷或遭受 DDoS 攻击。IoT 设备基于的联网技术非常简单，它们不够强壮，无法阻断可能包含恶意代码的 IP 流量。

● **找出影子 IT**：影子 IT（Shadow IT）不过是非法设备和未经批准的资产的同义词。确保联网的所有 IoT 设备都是获得批准的，并遵循了前面概述的安全规范。基于 IoT 的影子 IT 很可能违反组织的安全策略，进而带来威胁。标准网络发现工具可找出这些非法设备，进而帮助妥善地管理它们。

● **要求签署漏洞服务等级协议**：要求制造商签署服务等级协议，承诺在发现严重的漏洞时打上补丁。这有助于确保你选购的 IoT 设备禁得住监管审查并遵守有关补丁的法规。另外，在 RFP 或采购流程中提出相关的问题，确认供应商到达了合理的风险管理成熟度。

● **修复安全缺陷**：制定相关的书面流程，确保发现缺陷后能够及时地给所有 IoT 设备打补丁，同时不会导致业务大规模地中断。有些设备修复起来非常麻烦，如果分别管理，可能存在隐性的劳务成本。为了避免新发现的漏洞被用来发起攻击，需确保所有 IoT 设备的固件都是最新的。

● **基于角色和属性的访问**：在这些设备中使用的安全模型必须足够灵活，能够集成到活动目录服务器或 RADIUS 服务器。一个更长期的目标是，在既有的身份和访问管理解决方案中，集中管理对这些设备的凭证型访问。如果不以这样的方式进行管理，IoT 设备可能带来与非法账户相关的新风险，还可能因为管理功能有限而成为威胁行动者易于得手的目标。最后，如果受管的设备没有采用基于角色的访问模型或因为运营方面的原因无法使用这种模型，可针对 IoT 和网络设备采用最小特权解决方案。

IoT 设备是企业为了方便而采用的一种新技术，它们不像服务器和台式机那样成熟，诸如默认凭证和后门等缺陷给 IoT 环境带来了严峻的特权风险。IoT 设备是如此不成熟，就像小孩一样，因此需要对其进行限制、治理和监控。

第 15 章

云

密码的历史可追溯到罗马军队，那时密码被刻在木头上，通过站岗的卫兵传递，属于共享资源。当前，最常见的密码存储介质是人脑。我们给系统或应用程序设置密码，在需要使用时回想起来，并在每次修改密码后都记住它。我们的大脑中有很多密码，常常会忘记或需要与人共享，因此必须将其记录在便条和电子表格中，并通过电子邮件或短信告诉别人（从安全的角度看，这种做法本身非常糟糕）。由于这些不安全的密码共享方法，有关数据泄露的文章经常成为头版新闻，而组织必须对员工进行教育，让他们知道哪些存储和共享密码的方法是不安全的。用户不应通过口头或文字的方式共享密码，而且使用传统的业务协作工作来共享密码也是不安全的。有鉴于此，需要一种更佳的密码记录方法，该方法非常安全，支持分布式访问，且不管使用什么设备从哪里访问，风险都很小。对中小型企业来说，如果需要从组织外部的多个地方访问密码，而自有技术又无法满足这种需求或需要为此付出的代码太高时，云将是理想的选择。因此，如果罗马时代就有云，朱庇特将能够轻松地让每个士兵都知道新密码，而无须让人将密码刻在木头上并承担以物理方式传播密码的风险。

云已被技术专业人员广泛接受，它们被用于在组织外部安全地分享和存储信息。根据信息的敏感程度，可能需要采取额外的措施来保护信息，使其免受现代攻击向量的威胁，同时可供各种用例使用。对于密码存储、最小特权资产管理和安全的特权远程访问，云提供了实现全面特权管理模型的最新途径。然而，根据定义，存在多种形式的云，如图 15-1 所示。

因此，云端 PAM 支持如下用例。

- **移动办公人员**：远程团队成员能够访问当前密码、获悉策略、修改规则以及安全地连接到远程资源。

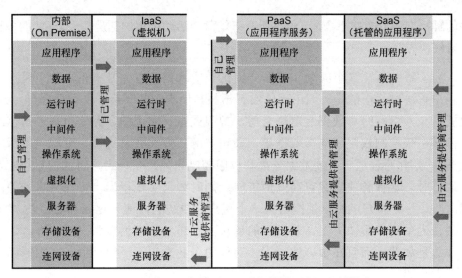

图 15-1 各种云服务模型以及在每种模型中可用的技术

- **分布式或外包的信息技术支持**：外包商或远程信息技术团队成员能够使用上下文感知技术来访问凭证，还可发起安全的远程会话，以连接其负责的资源。

- **信息技术协作**：由于资源方面的限制，团队成员通常需要共享用于访问资产和应用程序的凭证，以便能够执行任务或维护工作。通过集中存储密码，既能支持协作，还可避免将密码存储在文档中带来的风险。

- **打破玻璃**：以独立于技术的方式存储关键系统和应用程序的密码，供出现危机或打破玻璃场景时使用。

- **云模型**：采取云策略后，组织需要确保用于访问云资源的凭证是安全的。这些云资源包括第三方 SaaS 应用程序、社交媒体、基于云的 Hypervisor 等。

对于各种 XaaS（X 指的是作为服务提供的任何类型的云）解决方案，它们不过是传统软件解决方案，但供应商将其移到了云端（即属于 PaaS 解决方案）呢，还是云原生的，即从头开始打造并针对云进行了优化的解决方案（IaaS 或 SaaS）呢？真的需要在乎这一点吗？要是价格合适，正常运行时间符合服务等级协议的规定，且解决方案是安全的，为什么要在乎呢？解决方案是云原生和多租户的（multitenant），还是为了在云端以单租户模式运行而重新设计的版本？这有关系吗？答案是有关系，但原因可能不是你想的那样。另外，对你的企业来说，云原生的解决方案可能并不合适，虽然所有市场营销活动推销的都是基于 PAM 的多租户云解决方案。

为了帮助理解这个问题，下面介绍几个新术语。首先是单租户和多租户。单租户解决方案指的是，应用程序实例不与其他实例共享后端（数据库资源）。也就是说，运行时和数据是单个公司、部门或组织专用的，并使用基于角色的访问模型来控制权限和隔离数据集。多租户解决方案共享资源（可能包括后端数据库），并通过逻辑上的数据分离和权限控制来隔离不同用户组的信息、配置和运行时。这种解决方案可高效地扩展，同时如果实现得当，可在共享资源的同时防止一个租户的数据泄露给另一个租户。传统的内部（on-premise）技术通常被视为单租户解决方案，基于云的解决方案通常被视为多租户解决方案。但并非总是如此，而且在很多情况下，对你的企业来说不一定合适，个中原因将在下面介绍。

当你订阅多租户的 XaaS 解决方案时，背后的共享资源将同时被其他多个组织使用，因此你将失去如下几个方面的控制权。

- **变更控制**：何时升级版本及何时打补丁将由多租户 XaaS 供应商控制。它们会提供一个用于升级的维护窗口，而你将被迫接受变更，即便这个时间窗口对你的企业来说不合适。如果升级带来了不受欢迎的修改（Bug 或不兼容性），你也无法撤销修改，因为多租户共享的资源是由多家组织（企业）共享的。

- **安全性**：所有多租户解决方案都存在如下风险：数据在不同的组织之间泄露；影响一家组织的漏洞被用来盗取另一家组织的数据。即使是简单的后端不当配置，或者是一个不安全的第三方插件，都会危及多租户模型的安全性，从而出现这种情况。从本质上说，这完全不受你的控制。

- **定制**：只有为数不多的 XaaS 供应商设计了专用于其平台的定制，因此大多数多租户解决方案都不允许根据业务需求做大量的定制，因为这将消耗大量的共享资源。虽然这可能被认为是优点，可避免定制过时，但在服务发布更新的版本，使得 API 或特性不再适用时，也可能带来不必要的重复工作。

显然，相较于内部的部署实例，这些都是为了避免维护硬件、操作系统和解决方案安全补丁所需付出的代价。然而，对于单租户 XaaS 解决方案，也可能需要

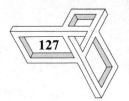

考虑这些方面，但关注点与多租户解决方案不同。

- **变更控制**：在单租户 XaaS 模型中，最终用户有权决定何时升级到新版本以及是否忽略特定的版本。这种控制权带来的风险是，由于升级不及时，导致使用的是已停止支持或被放弃的版本。在最新的变更控制流程和策略中，需要将基于 XaaS 的单租户解决方案的版本纳入管理，而这需要你做额外的工作，即便升级是完全自动的。

- **安全性**：基于 XaaS 的单租户解决方案是你自己的，因此任何配置不当或安全补丁缺失都可能带来风险。虽然这种解决方案是基于 XaaS 的，但决定是否及何时安装补丁和进行维护还是你的职责（就像完整版本一样），虽然供应商可能将安装过程自动化。重申一次，虽然补丁安装过程可能是完全自动的，但还是需要由组织来负责补丁管理工作，就像其他应用程序一样。由于解决方案是单租户的，因此数据泄露的风险很低，除非托管解决方案的公司被攻陷。

- **定制**：单租户的 XaaS 解决方案提供了最大的定制空间，因为你所做的任何更改都不会影响其他租户或组织。然而，定制存在的风险在于，它可能与未来的版本不兼容。所幸版本升级是由你控制的，你可在升级前对定制进行测试，等准备就绪后再升级到新版本。

单租户 XaaS 解决方案和多租户 XaaS 解决方案还有其他的差别吗？如果价格不是考虑因素，那么决定选择单租户还是多租户的过程，实际上就是在变更控制权和可接受的安全风险之间权衡的过程。如果你希望使用的最版始终是最新的，那么选择哪种无关紧要，但如果你选择单租户的，就必须自己负责管理变更。如果你要定制 XaaS 解决方案，那么该评估的是 Xaas 供应商的容量，而不是租赁模式（即安全性）。所有 XaaS 解决方案都应支持安全补丁的自动安装，采用不同的租赁模型旨在满足你的变更控制需求。选择基于 XaaS 的特权访问管理解决方案时，变更控制、安全性和定制是否重要完全由你判断。

15.1 云模型

云环境越来越多地被用来进行数据处理和存储以及应用程序的托管和开发，这给黑客和恶意的内部人士提供了访问敏感数据和中断组织业务的新途径。随着云环境采用速度的不断提高，组织必须确保对这些环境的访问是安全的，以降低安全风险，同时还要满足将越来越多的应用程序和服务托管到云端时提出的性价比要求。

与所有内部（on-premise）资产一样，不受控的云环境也可能导致巨大的安全缺口，让网络出现安全漏洞、数据丢失、知识产权盗窃和合规性问题。要将云资产置于控制之下或选择位于云端的 PAM 解决方案，第一步是搞明白要在云端运行和管理的功能。基于云的特权访问管理部署有多种不同的形式。

- 云到云、应用程序到应用程序或云到应用程序的特权管理主要使用 API 来实现（IaaS）。特权管理通常是在云端使用密码保险箱（secret safe）或功能齐备的密码管理器来完成的。

- 基于云的特权管理、基于资产的最小特权管理，以及用户和应用程序的安全远程访问（SaaS）。这可以采用单租户模式部署，也可以采用多租户模式部署（具体如何做取决于供应商）。

- 基于云的平台即服务（PaaS）。在既有技术的基础上，使用自己的虚拟机或云提供商的虚拟机部署自己的解决方案。

- 通过使用任何方法并结合内部部署对任何资源进行特权访问管理（混合）。

如果这是一个多选题，你的业务战略计划可能要求使用多种部署形式，因此部署是混合型的。只将特权访问管理用于企业的某一部分（silo），且不打算将其推广到所有敏感系统和特权账户的情况少之又少。即便最初的部署规模很小，也会将云用于全方位管理。在决定选择内部 PAM、云端 PAM 还是混合 PAM 时，这一点非常重要。混合方法可以是 IaaS、SaaS、PaaS 或内部（on-premise）的组合，还可以是使用远程管理节点来安全地路由和聚合数据的组合。

15.1.1　基础设施即服务

就 PAM 而言，基础设施即服务（IaaS）指的是为 PAM 用例提供计算能力。在这种模型中，由另一家公司负责运营数据中心基础设施，而特权访问管理功能是通过 API 以编程方式提供的，可将其集成到其他资源中。为了让 PAM 成功成为 IaaS 解决方案，它需要提供自己的权限模型，以便以编程方式提供对账户和应用程序的委托访问。这些权限通常被组合成内置或自定义的角色，以提供所需的访问权。还可将这些权限集成到基于云的目录存储或身份治理解决方案中，以实现集中管理。

鉴于这些账户被攻陷可能带来的业务影响，采取措施确保它们的安全至关重要，因此组织的多层安全计划必须包含这些措施。在组织的多层安全计划中，包括特权访问层，该层对以编程方式使用的所有密钥和密码进行轮换以确保其安全。

对于只想在云端执行 PAM 的组织来说，实施解决方案的技术途径有多个。最常见的做法是，在云端使用黑盒容器技术以基础设施组件的方式存储密码（从本质上说，就是一个 API 密码保险箱）。这可提供一个加固的专供云端使用的 PAM 部署，还可使用利用云环境的成本模型。这种方法通常用于在云端实施 SecDevOps 和 DevOps。另外，有些 PAM 供应商还提供了基于云操作系统模板实例化为虚拟机的解决方案。对客户来说，这些解决方案提供了最大的灵活性，同时由 PAM 供应商负责加固和打补丁。这些实施类型的风险更低，但如果基础设施要求虚拟机不间断地运行，则运行时成本可能较高。

15.1.2 软件即服务

软件即服务（SaaS）是一种交付模型，在这种模型中，服务由提供商集中托管，并以订阅的方式授权给客户使用。组织和最终用户通常使用 Web 控制台或 API 与这些服务交互。这让你能够使用应用程序的很小一部分，而无须承担搭建服务器和维护应用程序的复杂工作与开销。公司 SaaS 解决方案的例子有 Salesforce、Workday、Concur、ServiceNow、Office 365 和 LinkedIn。在 SaaS 模型中，组织的核心安全职责是应用程序本身，这包括谁能够访问应用程序、需要什么样的认证以及用户有什么样的访问权限。每个应用程序都可能有自己的访问模型，这些模型会因供应商的不同而导致粒度等级各不相同。有些 SaaS 应用程序提供了传统的企业服务，其访问模型的粒度可能很细，旨在提高灵活性，并根据任务和用例给不同的用户组提供不同的权限。这些应用程序还可能提供了内置的治理特性，如职责分离和细粒度的审计功能，让企业能够控制和审计对敏感特性与数据的访问。还有一些 SaaS 应用程序专注于消费者，如 Facebook 和 Twitter，它们的访问模型的粒度很粗。在有些情况下，多位用户共享同一个公司账户，以便代表公司对系统进行管理。虽然这些 SaaS 应用程序可能没有高度敏感的信息，如客户名录或财务数据，但这些账户确实给组织带来了巨大的风险。例如，如果黑客使用攻陷的账户发布内容不恰当的帖子或推文，可能影响公司的声誉。因此，制定安全计划时，必须考虑对这些账户进行妥善的管理和控制。另外，需要指出的是，根据前面的讨论可知，为了克服业务难题、降低云解决方案的托管费用，这些 SaaS 应用程序可以是单租户的、多租户的或混合实现。

从前面的讨论可知，基于 SaaS 的 PAM 解决方案不仅要管理到云资源的特权访问，还可能需要管理组织内部（on-premise）的 PAM 需求。以 SaaS 方式部署的 PAM 解决方案可完全运行在云端，也可要求使用内部（on-premise）管理节点来路由、聚合策略和事件以及管理远程访问会话。这些实施是完全由 PAM 供应商管理的，它们托管在提供商的云环境中，并可能使用其他公司的共享云资源来运行。这种共享模型与生俱来的风险是否是可以接受的呢？提供商是否实现了足够的控制措施，可保护特权数据免受任何潜在的数据泄露呢？这些问题只有企业自己能够回答。

最后，SaaS 部署要获得成功，可能必须考虑下面的用例。

- 对于在虚拟机、运行在云端或远程连接到互联网的远程资产（笔记本或其他移动用户设备）中部署的基于代理（agent）的技术，需确保其安全以满足 PAM 需求。

- 确保与本地管理节点的通信安全，以便与云进行远程会话、密码管理和受管的最小特权终端的通信。

- 在本地进行数据混淆、过滤和清洗，以确保合规性。

- 以基于角色和属性的方式控制对所有数据的访问，并对所有访问情况进行报告和审计。

15.1.3 平台即服务

相较于既有的内部（on-premise）解决方案，以平台即服务（PaaS）的方式交付的特权访问管理增加了一个抽象层。这些云服务提供了一个平台，让客户能够基于熟悉的技术开发、运行和管理特权。PaaS 供应商将内部（on-premise）解决方案移到了云端，这样的供应商包括 Oracle 和 Microsoft。有些人可能会说，严格来讲，PaaS 并不意味着将内部（on-premise）技术移到云端。对于这种说法，我大致同意，但是像操作系统（如 Microsoft Windows 和 Red Hat Linux）以及你最喜欢的云端数据库都起源于内部（on-premise）解决方案，且功能与相应的内部解决方案类似。如果它们没有对应的内部（on-premise）解决方案，而是在云端白手起家重新打造的，我也会认为它们是 SaaS 解决方案，而不是 PaaS。然而，基于 PaaS 的 PAM 解决方案通常用于向组织的关键应用程序和服务提供特权管理功能，除费用外，与将内部 PAM 实现移到云端没什么两样。

第16章
移动设备

移动设备给威胁行动者提供了独特的攻击向量。它们有账户和凭证，但没有基于角色的访问，通常只有两种权限——用户权限和 root 权限。另外，最终用户通常没有 root 权限，只有一个用于操作设备的账户和身份（设备所有者）。这些都是有关移动设备设计的简单事实。为了方便这里的讨论，我们这样定义移动设备：一种带触摸屏界面的手持计算机，可能有物理按钮，用于通过无线协议连接到互联网或其他计算设备。根据上述定义，移动设备通常包括智能手机和平板，但不包括笔记本，除非其尺寸小到可以手持。

攻击要得逞，威胁行动者需要攻陷操作系统，并利用 root 账户以不合适的方式使用设备。这可通过恶意软件、越狱或漏洞利用来实现。传输恶意载荷不在本书的范围之内，但这可通过公用充电插座（juice jacking）和供应商应用商店中的恶意软件等来实现。威胁行动者的目标是利用设备来做如下事情。

- 从设备中窃取个人识别信息和企业的敏感信息。

- 通过 GPS、相机或音频实施侦查。

- 利用设备进行横向移动，以攻击其他公司资产、家庭资产、公共资产或漫游资产。

- 企图永久地潜伏下去，以便找机会发起新的攻击或其他高级持续性攻击。

无论攻陷的是传统的公司资产还是其他的物联网（IoT）设备，威胁行动者的目标都相同。获得特权访问后，威胁行动者实施犯罪的方式也相同。然而，防范方式有天壤之别，因为移动设备没有基于角色的访问，root 账户的使用受到限制（除非能够利用漏洞或越狱）且有些平台（Apple iOS）不支持防病毒式保护。因此，最佳的防御措施是采用可使用的安全模型。

- 对于业务中使用的移动设备（无论是 BYOD 还是公司提供的设备），使用移动设备管理器（MDM）来实现应用程序和数据分离。这让组织能够实施可接受的使用策略（acceptable use policiy），甚至阻断（卸载）可能威胁设备的恶意应用程序。另外，大多数 MDM 解决方案都能够发现并阻止越狱企图，以防范 root 访问。

- 对于非 Apple 设备，有大量的安全解决方案能够扫描恶意软件、不合适的权限以及可能被用来攻陷设备的不当配置（如 USB 调试）。这些代理（agent）很多都可在合适的应用商店中找到，MDM 和传统的反病毒供应商也提供了它们。推荐使用它们来找出风险，缓解平台特定的威胁。

- 尽可能禁止移动设备直接访问数据中心和敏感系统。对于源自移动设备的远程访问连接，应以代理方式建立，或使其经由跳板机（jump host）。为了隔离移动设备，以限制访问、实施多因子认证以及防止横向移动，理想的选择是使用虚拟桌面和远程应用程序。可使用密码管理解决方案来监控连接和会话，以捕获不合适的漫游访问。

移动设备提供了一种始终保持连接的途径，这也给威胁行动者提供了攻陷组织外围的途径。获取对这些设备的特权访问并不那么重要，这些设备也不像传统的信息技术资源那样拥有健壮的安全模型。然而，能够利用移动设备建立据点可能就足够了，这可让漏洞利用程序或恶意软件最终带来与使用 root 账户一样严重的破坏。

那么，威胁行动者如何获得非 root 用户的访问权限，以实施这些犯罪行为呢？这比你想象的容易，因为移动设备的安全模型充斥着显而易见的缺陷。请看下面这些可能出现的场景。

- 从信任的应用商店安装新软件时，其中可能包含恶意软件。在应用程序筛选方面，供应商能做的有限，因此经常有恶意软件逃过检测而被发布出来。这可能是供应商有意的，也可能是其供应链存在缺陷，让恶意软件在应用程序发布前得以插入进去。

- 有些应用程序利用其自动更新或下载机制来检索支持的数据或其他的二进制文件。中间人攻击（MITM）能够拦截这些更新，将其内容替换为恶意代码。这听起来好像有点牵强，但在攻陷的 Wi-Fi 网络中，简单的 DNS 欺骗就可重定向流量。

● 生物特征已成为移动设备使用的主要认证和授权机制，它甚至让你能够访问第三方应用程序的凭证。破解生物特征后，不仅能够访问设备本身，还可访问应用程序，如银行应用程序或其他依赖于双因子认证的应用程序。依靠生物特征进行认证就是个馊主意，因为生物特征的数据点被破解后，将永远被暴露并处于危险中。应只将生物特征作为多因子认证的一部分，因为基础凭证总是可以修改的，而生物特征只能以电子方式证明你的身份。可惜很多移动设备制造商都在模糊这条界线，它们忽略了安全最佳实践，将生物特征作为在正常操作过程中访问设备需时所需的唯一识别形式。这将赌注完全押在了生物特征安全模型的强度上，时间将证明这种设计是否能够强壮到挫败现代威胁。但就目前而言，还没有强壮到这样的程度。

● 移动设备通常每天都需要充电，而充电时需要有线连接（支持无线充电的移动设备除外）。另外，它们支持各种双向通信方式，如 NFC、蓝牙和 Wi-Fi，但缺陷在于几乎无法防止这些通信路径被远程利用。例如，感染了恶意软件的 USB 充电器可用来发起中间人攻击，进而攻陷 Wi-Fi 通信。这是移动设备的性质导致的安全缺陷，带来的安全风险极高，且除了只使用可信的充电源外，没有其他解决之道。基本上，只要插入到恶意充电源，任何移动设备都将处于危险之中。

● 就 Android 设备而言，操作系统和硬件多样化（fragmentation）带来了独特的安全挑战，这些挑战随操作系统的版本和设备而异。这个问题完全不在本章的探讨范围内，在很多情况下，在一种设备中存在的缺陷，可能在另一种设备中根本不是问题。对企业来说，如果允许在业务中使用 Android 设备（无论是 BYOD 还是公司购买的），应考虑尽可能减少涉及的操作系统版本和供应商。在提供补丁方面，并非所有制造商遵守的服务等级协议（SLA）都相同。有些制造商在其设备中留下了专门打造的后门，以便进行有针对性的更新和监控，对业务敏感的企业来说，这可能是不能接受的。

虽然存在这些缺陷，但当前存在相应的策略和技术可用来降低相关的风险，举例如下。

● 绝不要同时依靠生物特征来控制对移动设备本身和敏感应用程序的访

问。通过实施这种策略，可确保对一个系统的特权（生物特征访问）不能用来访问另一个系统（应用程序）。这是典型的生物特征版的密码重用，为了保护设备中使用的凭证和生物特征，必须实现多因子认证。

- 使用 MDM 技术确保组织能够对 BYOD 设备进行限制，使其只能访问可信的网络，并禁用调试模式等可能导致设备容易遭受 USB 充电攻击的特性。

- 确定你能支持什么、不能支持什么。BYOD 并不意味着员工的任何设备都可连接到公司网络，即便 MDM 能够提供这样的支持。通过对 BYOD 设备制造商、设备型号和使用的操作系统版本进行限制，有助于降低风险，尤其是外部威胁带来的风险。

第 17 章
勒索软件和特权

需要指出的是，在降低勒索软件的风险方面，没有任何解决方案是 100%有效的。有些技术宣称经过了数百次测试，能够出色地抵御各种攻击。我只能抱歉地说这是骗人的鬼话。为什么呢？如果有供应商提供的解决方案能够彻底解决这个问题，勒索软件就不是问题。

从本质上说，勒索软件是一种恶意软件，网络犯罪分子使用它们来感染计算机或云资源，再将文件和数据加密，让所有者只有支付赎金才能访问它们。当然，即便支付赎金也不能保证犯罪分子会让所有者能够重新访问文件和数据。

从灾难性的长时间停机到经济破坏乃至让人失去生命，当今的勒索软件已远远超出了恶作剧的范畴。有铁证表明，勒索软件已经导致有人健康状况恶化、失去生命。那么，组织在什么地方做错了呢？要正确地防范勒索软件，需要做出什么样的改变呢？

所有的安全专业人员都会告诉你，根本没有能够防范所有勒索软件的灵丹妙药。但存在一些战略性 IT 安全最佳实践，如特权访问管理，可帮助彻底消灭众多类型的勒索软件，极大地降低遭受毁灭性攻击的风险。例如，在抵御各种勒索软件方面，应用程序控制解决方案、终端保护产品和最小特权解决方案都卓有成效，但任何解决方案都不能 100%地抵御所有类型的勒索软件。现代勒索软件能够利用特权，它们不总是启动其他的可执行文件，也不总是删除文件系统中的文件，相反，在有些情况下，它们会将戚戚无名的设备（如智能电视）作为目标。我们见过利用 Microsoft Office 宏来传播威胁的勒索软件，见过使用嵌入在文档中的 Java Script 来实施恶意行为的勒索软件，还见过 WannaCry 和 NotPetya 等勒索软件，它们利用现代操作系统和已报废的（end-of-life）操作系统中的漏洞给组织致命一击。随着勒索软件不断地成熟和升级，它们已成为最近二十年间最大的网络安全威胁。

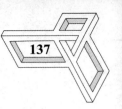

勒索软件发展迅速，已成为破坏力巨大的武器。

不幸的是，勒索软件载荷的传输方式与看到支付勒索赎金的消息一样令人恐怖。为了明白特权对勒索软件的影响，请看下面这些可能滋生勒索软件的温床：

- 应用程序或网站中可利用的漏洞；

- 资产执行的恶意可执行文件；

- PowerShell 脚本或批处理文件；

- 嵌入在文件中的应用程序宏或脚本；

- 被攻陷的应用程序或操作系统中的自动更新机制；

- 通过社交工程诱骗用户采取高风险行动的钓鱼攻击。

雪上加霜的是，很多攻击结合使用了多种方法，并使用 CnC 服务器来存储加密证书，而不是将其存储在可使用解密解决方案来治愈的各个感染点本地。根据勒索软件拥有的特权大小，可推断出恶意渗透的程度。另外，现代勒索软件可能是用来掩护其他高级威胁的特洛伊木马，其目的分散 IT 安全团队的注意力。这就是勒索软件如此难以对付，且没有任何技术 100%有效的原因所在。

作为防御者，可使用特权访问管理来采取一些措施，最大限度地减少勒索软件带来的威胁。但是，对用户进行培训，让他们不要在打开未知文件时选择"运行宏"是任何措施都无法替代的。下面提供了一些很容易实现的规则，这些规则可阻止用户犯下原本可能犯的大部分错误，阻止释放器（dropper）执行、避免脆弱的应用程序用来攻击你的资产。

- **实施应用程序控制**：特权访问管理解决方案能够根据规则控制应用程序以及提升应用程序的权限。另外，PAM 解决方案还能够在相反的模式下运行，即能够阻止未经授权的应用程序的执行——如果其数字签名不正确、从不合适的地方启动、以不合适的方式作为子进程被调用或试图执行自己的恶意子进程。

- **确保远程会话的安全**：远程访问（尤其是第三方供应商发起的远程访问）常常是网络安全中最薄弱的环节，可能导致勒索软件攻击。被授权访问网络和应用程序的供应商可能遵守与组织相同的安全协议等级，也可能使用 VPN 将"安全"访问范围扩大到内部资源。如果供应商被感染、本

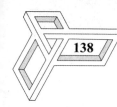

身心怀恶意或者是勒索软件的载体，你的组织可能就是下一个受害者。因此，为了缓解这种风险，最佳的做法是确保使用的远程访问技术没有利用任何协议隧道和 VPN，也不依赖于可能被作为攻击向量的传统远程访问协议。

● **确保特权凭证的安全**：几乎所有的 IT 安全事故都利用了被攻陷的凭证，勒索软件也不例外。勒索软件要想执行，必须获得特权。特权是勒索软件实现持久化的关键路径。这就是确保特权凭证安全至关重要的原因所在。为此，可使用企业特权密码管理解决方案不断地发现、开通（onboard）、管理、轮换和审计这些威力强大的凭证。通过自动轮换凭证并坚持实施强密码策略，可保护组织免受密码重用攻击以及被勒索软件感染，还可防止勒索软件建立据点后进行横向移动。

● **实施最小特权**：勒索软件在运行时，其特权与启动它的用户或应用程序相同，这是它最大的弱点，因此最佳的防守是不让它获得过大的特权。请撤销本地管理员的特权，并对所有用户、应用程序、资源和系统都实施最小特权策略，这可防范大部分勒索软件攻击（虽然不是全部）。这还可以关闭横向移动通道，降低已进入环境的勒索软件载荷的提权能力，从而减小它们带来的影响。最小特权策略甚至能够缓解凭证盗用带来的影响。如果用户、终端或应用程序的凭证的特权有限甚至没有特权，恶意软件就无法使用它来感染其他主机，除非它能够获取其他凭证或利用让它能够提权的漏洞。

● **应用安全更新**：当然，要降低勒索软件和其他漏洞利用程序带来的风险，最根本的方法之一是及时打补丁并修复已发布的已知漏洞。这可缩小攻击面，从而减少环境中可被威胁行动者占据的据点。利用零日漏洞的勒索软件攻击少之又少（它们利用得最多的是 MS Office 宏）。如果碰巧有勒索软件攻击利用的是零日漏洞，采取这里列出的其他所有策略将有助于缩小勒索软件的攻击面，进而有望降低攻击带来的影响。

● **阻止释放器**：遗憾的是，为了执行其功能，受信任的应用程序可能启动其他应用程序，这包括浏览器、电子邮件程序甚至 PDF 阅读器。这些可执行文件几乎都是从临时文件目录中启动的，通过使用特权访问管理来管理文件完整性，管理员可跟踪出现在这些目录中或不满足最低声誉要求的非法释放器可执行文件，发出警告并阻止它们执行。

● **利用应用程序声誉**：特权访问管理解决方案通常具有声誉服务引擎或其他技术，用于在启动应用程序前对其风险进行评估。这个组件支持从恶意软件、漏洞、权限和隐私的角度出发实时地评估应用程序的健康状况。通过制定策略，可在发现应用程序的风险较高，可能被勒索软件攻击利用时，禁止它启动或在它启动时发出通知。这有助于确保符合网络安全卫生方面的服务等级协议，且没有漏掉任何可能带来无法接受的风险的系统。

通过使用用来管理特权账户的技术，可最大限度地降低勒索软件风险。虽然这种方法不是 100%有效，但组织在这方面的投资绝对是物超所值。通过防止获得必要的特权，可让大部分勒索软件无法执行。

第18章
远程访问

随着技术的全球化、人们对更健康的工作与生活平衡的关注、越来越多的千禧一代进入劳动力市场，以及最近为应对新冠疫情而发出的保持社交距离的倡议，全球越来越多的公司允许员工选择远程办公。Bayt 网站最近所做的一项调查发现，在中东和北非（MENA）地区，79%的专业人员更喜欢为允许远程办公的公司工作。实际上，允许员工远程办公对公司是有利的。Gartner 的研究表明，到 2020 年，允许员工自己选择办公方式可将员工的留存率提高 10%。

远程办公的好处众多，这毋庸置疑，但也增加了网络管理的复杂度，带来了安全性挑战，尤其是特权管理方面。因此，组织的 IT 团队有责任向远程办公人员和供应商提供必要的工具，以确保他们的工作效率，同时避免组织面临严峻的网络风险。图 18-1 所示的基本远程访问架构可满足这些需求。

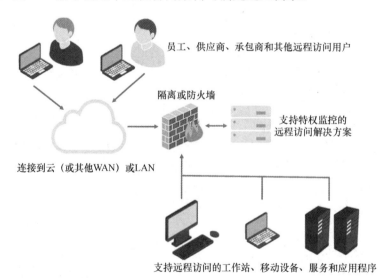

图 18-1　远程访问架构

为了确保成功和安全，请考虑如下攻击风险面。

远程访问连接性。在大多数情况下，远程员工通过 VPN 或托管的云远程访问解决方案直接连接到公司资源。这些员工通常位于其家里安装的路由器后面，而这些路由器使用网络地址转换（NAT）等技术来隔离网络。然而，这给传统的 IT 管理和安全解决方案（如 VPN）带来了网络路由挑战。例如，公司网络安全解决方案不能将更新直接推送给远程员工，也不能直接实时地查询员工的系统，因为没有下游网络路由。因此，这些远程员工要获得网络安全更新或提交数据，唯一的办法是向公司网络安全资源轮询（发起带外连接）。为了确定状态，这通常需要有持续的带外连接（不管使用的是 VPN 或云资源），因此很容易受到微不足道的网络异常的影响，而在基于家庭的无线网络或蜂窝技术中，这样的异常很常见。

另外，由于域名解析和路由局限性的影响，诸如策略更新的发现和推送等都是批量驱动（batch-driven），而不是近乎实时的。为了方便屏幕共享，远程支持技术也需要有使用持续连接的代理，因为远程员工通常不可能建立到 SSH、VNC、RDP 等的可路由连接。因此，在确保员工的远程访问安全方面，面临的第一个障碍是，对于那些在传统公司网络看来不可路由、不可达、不可解析的设备，如何对其进行管理以便进行分析和支持。这完全独立于远程用户连接到网络时可能利用的特权。

自带设备（BYOD）。远程员工使用的远程访问客户端分两类：

- 公司提供的 IT 资源；
- BYOD。

虽然公司提供的设备和资源可能得到了加固并受到严格的控制，但个人设备常常是共享的，且在安全方面得到的关注不可同日而语。为了帮助管理，组织可能要求在个人设备上安装移动设备管理（MDM，这在第 16 章讨论过）工具，但用户可能不愿这样做。显然，如果没有 MDM，公司 IT 团队无法像对待公司所有的设备那样，对员工所有的设备进行加固，也无法对这些设备的运行情况进行严密监视。归根结底，选择使用什么样的方法来支持 BYOD，是在费用、风险、用户接受度和远程访问的可用性之间全面权衡的结果。由于 SIM 卡劫持等威胁的存在，几乎任何需要访问公司资源的个人移动设备都必须安装 MDM 解决方案。

网络安全卫生。还有部署针对远程访问用户的基本网络安全控制措施（如补丁管理和防病毒）方面的挑战。这里假设用户可通过家用计算机和笔记本（而不仅是移动设备）进行访问。传统上，这些基本的网络安全措施是使用网络扫描器、代理和服务来实现的，它们执行各种功能并需要连接到公司内部（on-premise）服务器。好消息是，云技术使用 SaaS 和 PaaS 解决方案简化了这些基本安全措施的管理工作。

由于蜂窝技术和其他移动技术不能维护持续的可路由连接，因此在需要远程访问的情况下，组织必须使用云来管理基本的网络安全。除传统的数据中心外，云还提供了通用的资源，远程设备可安全地连接到它们，并利用地理位置和多因子认证等方法。这使得能够管理和验证远程访问的源和健康状况，而不管设备是哪种类型的。另外，云不存在 VPN 那样的缺陷，这可避免源设备的健康状况成为累赘。

远程访问的安全性。对于需要确保远程办公人员（员工、供应商、受管的服务提供商和承包商）访问安全的 IT 团队来说，最佳的建议是保持开放的心态，时刻准备采用新的技术、方法和工作流程来达成目标，这包括不需要 VPN、NAC 或传统 VDI 堡垒主机（bastion host）技术的新的安全远程访问方式。在连接性方面，团队成员需要打破陈规，为 5G 蜂窝技术这种宽带革命做好准备。通过使用最新的无线技术和传统的远程访问工具，只需几分钟就能将窃取的大量数据偷运出去，而这可使用对敏感的公司资源有访问特权的任何远程会话来完成。根据前面介绍的内容可知，团队需要明白组织的业务模型、远程用户扮演的角色以及他们给数据和系统带来的风险，然后使用现代远程访问技术设计防御策略。最后，随着大量的基础设施组件转向使用位于云端的基于 Web 的管理界面，信息和安全技术管理员需要应对一些新的威胁，这些威胁与用于远程管理这些解决方案的凭证相关。对于控制、审计和实施适当的身份认证以获得对基于浏览器的云的特权访问，同时又不给企业的生产效率带来负面影响，这是一个巨大的挑战。管理员（甚至高级用户）需要能够通过基于云的 Web 控制台有效地控制和审计受管的资源，同时确保这些控制台只能通过安全的远程解决方案进行访问，而不能直接从互联网访问。这就是远程访问和特权访问管理联系紧密的原因所在。

18.1　供应商远程访问

供应商、承包商、建筑维修商、受管的服务提供商以及其他组织随时都可能访问你的网络，以履行合同规定的职责、提供服务或维护资源。在这些供应商和工作人员中，很多都远程连接到你的系统，以完成日常工作，为你的组织提供支持。问题是他们连接的很多系统都连接到了公司网络。大量备受瞩目的安全事故表明，可利用供应商的网络来获得对客户环境的访问权。

威胁行动者可使用盗取的凭证来访问供应商控制的系统，再利用漏洞或未得到妥善管理的特权在组织内移动（有时是从一台机器到另一台机器）。安全程度取决于最薄弱的环节，因此你的环境的安全可能取决于第三方采取的安全实践和控制措施。

要让两家公司同时遵守策略和维护安全，面临的一个大问题是，远程供应商使用的凭证常常不在客户的直接控制之下。这涉及两个网络，它们的用户目录不同，安全策略也可能不同，这给确保安全合规的工作带来了挑战。对于连接到你的网络的设备，即便你能够确保它们遵循最佳安全实践，也无法知悉在这些设备上正在执行哪些活动。在执行远程访问的不是员工而是供应商时，你将面临一系列独特的新挑战。下面是一些重要的可确保供应商远程访问安全的最佳实践。

- **供应商凭证管理**。对于远程访问组织资源的供应商的所有凭证：
  - 定期轮换并在每次会话结束后进行轮换，这种功能可能是密码管理解决方案提供的，也可能是集成的；
  - 实施确保访问合适的工作流程；
  - 支持多因子认证，确保凭证未被共享或攻陷；
  - 提供短暂或即时访问。
- **网络访问**。对于需要访问网络以管理资源的供应商：
  - 只让它们访问相关的资源；
  - 部署检查并防止供应商横向移动的功能；
  - 无须堡垒主机即可连接；
  - 无须协议隧道即可连接；
  - 对所有会话进行路由，使其经过网关或代理，以便对会话进行监控；
  - 要求提供基于属性的证明，证明网络访问来自合适的源设备。

- **特权监控**。请求访问的供应商应对所有会话进行监控和审计，并能够像肩窥那样对活动进行审核。

- **应用程序控制**。应对供应商进行监控，以获悉其应用程序和命令使用情况（包括文件访问）。另外，应只授予供应商对所需应用程序的最小访问特权。

为了应对供应商远程访问带来的上述所有挑战，特权访问管理解决方案必须是完全集成的（be fully integrated）。供应商通常需要有对第三方组织资源的访问特权，而只有这种集成才能安全地提供合适的访问。

18.2 在家办公

在过去 30 年，办公方式变化迅速，现在已包括远程办公以及弹性办公。2020年初，更是发生了足以改变人们生活的变化，实际上可能再也回不到新冠疫情出现前的办公环境了。另外，为了缓解公共设施超负荷、交通流量过高、员工倦怠以及环境污染等问题，有些国家规定公司必须允许员工在某些工作日在家办公。还有，有时候可能在本地找不到最优秀的员工，必须考虑招聘真正的远程办公员工，这些员工通常在家办公。

信息技术专业人员的一项任务是，让这些员工能够远程访问，他们在过去 30年实现了各种解决方案、架构、策略和技术，以满足远程办公的需求。IT 和安全专业人员做出的有些决策新颖、安全甚至尖端，但有些糟糕透顶，处处都是潜在的风险。

一种较为常见的趋势是，允许在员工的家用计算机上安装组织的 VPN 软件，以支持远程访问。虽然对有些安全专业人员来说，这种做法是可以接受的，但这带来了极高且无谓的安全风险。例如，请看下面的情况。

- **恶意软件防御能力低下**：家庭用户通常也是其个人计算机的本地管理员，他们很少会创建供日常使用的标准用户账户。这让他们更容易受到恶意软件的攻击。恶意软件大都需要有管理权限才能感染系统，而家庭用户为了方便通常都不会对自己的访问进行限制。家用计算机使用的操作系统越老，抵御需要管理权限才能感染系统的恶意软件的能力越差。

- **多用户**：当个人计算机由多位家庭成员共享时，如果其中一个用户因判断失当而受到感染，几乎没法避免其他用户受到感染，即便有多个用户配置文件。另外，诸如快速用户切换等技术让这个问题更加严重，因为这些技术将其他用户配置文件留在内存中，从而更容易受到各种基于其他活动配置文件的攻击的影响。因此，攻陷一个与组织毫无关系的用户后，便可利用它来攻击连接到组织的活动 VPN 会话。

- **缺乏权利**：组织无权管理个人的家用计算机。虽然网络访问控制解决方案能够验证防病毒签名版本（antivirus signature version）和其他基本硬件特征，但不能盘点家用计算机，确保它们像公司资产那样得到加固和维护。即便连接到的是堡垒主机，这些缺口也可能让击键记录器和截屏恶意软件泄露数据，让数据和组织处于风险中。

- **无力确保主机安全**：公司 VPN 解决方案通常将证书嵌入到连接或用户配置文件中，以便验证连接。这独立于用户为建立连接而应通过凭证（或某种双因子认证）提供的认证。用于认证的证书和凭证的安全程度不可能超过为资产实现的安全措施的安全程度，因为维护不善的主机上的证书和凭证是威胁行动者的首要目标，它们能够让威胁行动者发起建立自己的连接或劫持远程员工使用的会话。如果无法确保主机的安全，怎么能够确保主机运行的连接软件的安全呢？

- **缺乏保护资源**：最后，家庭用户通常只在其计算机中安装了防病毒软件，而没有安装终端检测与响应（EDR）工具和终端特权管理（EPM）工具，也没有安装漏洞和补丁管理解决方案（以确保资产得到了妥善保护以及发现任何存在的威胁）。家用计算机通常作为独立的工作站运行，没有安全专业人员对其进行监视，以便出现问题时做出响应。

虽然存在上述种种问题，有些组织依然愿意承担在不由组织维护的资源上运行 VPN 软件带来的风险。它们开发了极其安全的虚拟桌面基础设施（VDI）环境和充当连接代理（或网关）的堡垒主机，以保护应用程序和敏感数据。它们在云端创建了隔离的网络和资源，以管理这些连接，而且在很多情况下，它们还支付数万美元的许可费，只为给资源装备防御网络策略，以缓解这些风险。在很多情况下，这些措施是有效的，但它们都只有一个目的，那就是使得可以在家庭用户维护的不受信任的资产中运行组织的 VPN 软件。

企业应谨慎地做出在家庭资产中运行 VPN 软件的决策，并考虑使用其他方式来支持远程访问，以降低风险。在远程员工需要特权访问时尤其如此。

- 使用经过加固并受管的公司资产来提供连接性。

- 购买这样的第三方远程访问解决方案，即不需要复杂环境就能提供连接性，且不需要 VPN 软件、专用应用程序、虚拟桌面环境或协议隧道就能通过 Web 服务器建立连接。

- 如果需要远程访问的员工有传统的台式机，考虑将其替换为公司拥有的、受管的且带扩展坞的笔记本。在办公室，笔记本可像台式机一样运行，可为其配置大型显示器，但需要在家里使用时，可将其作为受管资产，从而最大限度地降低风险。

- 最后，考虑不允许员工远程办公（这可能并不适合所有的企业）。雅虎等公司要求重组期间所有员工必须到办公室办公，有些国家通过立法禁止员工下班后将工作带回家里，以防虐待员工。这种做法虽然存在争议，但可减少员工过劳、更好地平衡生活和工作、提供整体安全性（因为网络周边的界线更明确）。具有讽刺意味的是，这与零信任完全背道而驰。

决定是否允许家庭用户通过个人计算机使用 VPN 进行远程访问时，需要考虑的因素很多。令人迷惑的是，在只需用公司管理的平板替换个人计算机，就能提供更安全的体验的情况下，竟然有如此多的环境允许这样做，并为此支付运营堡垒主机和 VDI 环境的费用。归根结底，如何选择需要根据业务情况做出决策，但绝不要想都不想就允许远程办公人员通过个人计算机使用 VPN 进行远程访问。

18.3　安全的远程访问

为解决从供应商到远程办公人员的所有这些与远程访问问题，可使用具有特权访问管理功能的下一代安全远程访问解决方案，该解决方案基于如下标准来提供连接。

- 与现有的远程访问协议（如 RDP、VNC、SSH 和 HTTP(S)）兼容。

- 支持基于代理的远程访问技术，而无须打开侦听端口。

- 支持将多层架构作为管理节点，以便深入到组织内部。

- 支持适用于内部（on-premise）、私有云或 SaaS 解决方案的部署架构。

- 支持通过 x86、x64 或 macOS 专用客户端、使用专用应用程序的移动设备或 HTML5 浏览器来建立连接，以避免协议隧道。

- 按照特权访问管理最佳实践的要求，提供全面的会话监控功能。

- 提供强认证和工作流程，以确定请求访问的用户是否合适。

- 提供高级功能，以确定主机的配置（inventory）并枚举关键设置。

- 防止横向移动及不恰当地使用应用程序和命令。

- 集成或提供原生的密码管理功能，这些功能可委托给用户，用以控制合适的特权访问。

- 提供对从任何地方（从云端到内部）发起的任何资源的远程访问，甚至支持远程办公人员。这解决了必须保护基于云的管理控制台的问题。

只要满足这些要求，便可确保特权远程访问的安全，而不管发起建立连接的源设备是什么样的。

第 19 章
安全的 DevOps

DevOps 是一系列有关软件开发、运维和自动化的最佳实践，旨在在整个软件开发生命周期中缩短发布周期。安全的 DevOps（SecDevOps）也被称为 SDevOps 或 DevSecOps，它扩展了这种方法，在软件开发、质量保证和部署过程中集成了安全最佳实践。与其他应用程序到应用程序解决方案一样，DevOps 自动化工具也使用特权凭证，但安全性常常是事后才考虑的。请看下述 DevOps 安全风险。

- 恶意内部人士可利用过大的特权或共享密码来攻陷代码。

- 容器中存在的漏洞、不当的配置和其他弱点可能为安全事故打开大门。

- 不安全的代码、硬编码的密码和其他特权暴露可能导致外部攻击。

- 诸如 Ansible、Chef、Puppet 等 CI（持续集成）和 CD（持续交付或持续部署）工具中的脚本或漏洞可能部署恶意软件或破坏性代码。

- 为了自动移动和测试代码，需要有用于访问其他网络区的凭证，威胁行动者通过攻陷这个过程，可进行横向移动。

显然，安全性必须是 DevOps 的一部分，但如何实现这一点，同时不影响速度和敏捷性，也不会成为观察者效应的受害者呢？随着组织越来越多地采用需要大量集成和自动化运维工具的敏捷开发方法，它们常常发现很难有效而安全地管理支持这些端到端过程所需的凭证。为了自动完成代码的构建、QA 和部署工作，典型的 DevOps 过程可能包括如下方面。

- 使用服务账户来运行各种服务（TFS、Builds、SQL）。

- 计划任务和自动化（自定义脚本、Git 和 GitHub、Jenkins、Puppet 等）。

- 利用第三方服务（SMTP、云服务、SSH 等）来提供状态和通知并移动软件。

- 与用于 SSL 网站、代码自动签名和其他带有安全包装（security wrapper）的进程的证书进行交互。

所有这些将应该程序开发和部署集成并自动化到更为精简的流程中的技术都需要凭证，但是没有身份（因为这些技术是自动化的）。在有些情况下，这些凭证可能存储在脚本、代码和配置文件中，并被共享。存储、共享并频繁修改用于自动化 DevOps 流程的凭证带来了风险，让它们容易被破解和滥用，在凭证为明文时尤其如此。必须使用 PAM 来确保整个 DevOps 生成周期的安全，如图 19-1 所示。

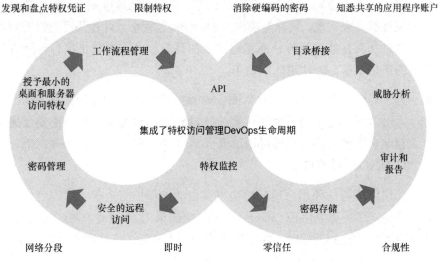

图 19-1 集成了特权访问管理的典型 DevSecOps 生命周期

为了降低这些风险，组织应考虑扩展其特权访问管理动议和实施阶段，以涵盖如下方面。

- 消除代码（编译后）、脚本和服务账户中的硬编码凭证。大多数企业密码管理器和密码存储供应商都提供了服务账户和密码 API，可使用它们来解决这些问题。

- 实施支持会话监控的远程访问解决方案，以控制开发人员访问生产服务器的时间。DevOps 方法通常要求如下工作流程：代码推送、编译以及编译后的集成，其目标是让开发人员能够安全、轻松地执行关键工作流程，同时禁止他们直接访问系统本身。为此，可实施基于远程访问技术的跳板机，以控制管理员、自动作业和开发人员发起建立的与环境的安全连接。

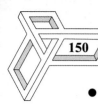

- 在整个应用程序环境中实施最小特权概念。对于支持应用程序环境的系统和数据库，开发人员、开发工具或开发流程需要具有它们的管理员或 root 访问权限吗？应设计合适的流程，使得不需要这样的访问权限。通过实施最小特权，可确保这些开发人员和进程只拥有完成端到端 DevOps 过程中与之相关的工作流程所需的特权。另外，在实施最小特权的同时，辅以会话记录和击键记录，可有助于发现通过攻陷的账户实施的活动以及与特权滥用和误用相关的风险。

- 将应用程序控制引入 DevOps 过程中。这可通过数字签名、源位置或其他声誉服务来实现。目标是确保在 DevOps 过程中，只有获得授权的脚本和二进制文件能够执行，而恶意注入的恶意软件将被禁止执行，因为它们的声誉不够，无法进入白名单。

- 为了简化动态云环境中非 Windows 系统中的账户创建和管理工作，设计人员应研究用于合并和集中账户、动态密码的方法，并使用安全的密码存储来管理它们。这样可通过安全 API 来存储、检索和处理它们，以便以 DevOps 过程自动化。

最后，组织应考虑使用合适的解决方案主动地保护与企业应用程序相关联的容器和微服务，在实现零信任 DevOps 架构（将在第 22 章讨论）时，这尤其重要。将传统应用程序迁移到云端时，组织应考虑使用 DevSecOps（而不是 DevOps）来改善基本安全，让安全成为工作流程的重要组成部分。最后，通过漏洞扫描和配置加固评估来不断地证明工作流程是安全的，不会遭受潜在的漏洞利用攻击。这应该是 DevSecOps 过程中的另一个自动化步骤。

将所有的开发工作和应用程序都迁移到云端可能会令人提心吊胆。在 DevOps 过程缺乏可见性或安全性的情况下，自动化编译、QA 测试和部署更令人提心吊胆。在 DevOps 方面，很多被安全专业人士视为天经地义的控制措施其实是有替代方法的，对此不能视而不见。要让 DevOps 对你的组织来说是可行的，关键是使用特权访问管理来保护整个自动化过程！

第 20 章

合规性

威胁行动者不关心法律、合规性、法规和安全最佳实践。实际上，他们希望你的组织没有严格遵守这些规范和框架，进而能够利用这一点达成恶意目的。合规性旨在用于向行业和政府机构提供有法律约束力的指南，但并没有提供确保安全的必要措施。合规不等于安全。合规性举措是为了实现良好的网络安全卫生而必须遵守的指南，但如果不配以良好的流程、人才、培训和努力，即便实现了它们，也依然容易遭受攻击。因此研究重要的合规性计划时，务必考虑以下几点。

- 从法律、敏感信息、合约和地理位置的角度确定它们对你的组织的适用情况。

- 这些合规性计划有哪些重叠的地方？为了满足多项要求，应采用什么样的流程？

- 务必遵循最严格的指南。应首先考虑最严格、最全面的要求，因为它胜过其他任何松散的要求。

- 界定范围至关重要。仅将规则应用于敏感系统往往不足以提供良好的安全性。想想为缓解风险将范围扩大到覆盖所有相连的系统时，需要付出多少精力和费用。

别忘了，合规性需求是组织必须满足的最低要求。如果没有满足这些最低要求，你将成为威胁行动者寻找的最容易得手的目标，或者说在熊前面跑得最慢的人。

20.1 支付卡行业（PCI）

支付卡行业数据安全标准（Payment Card Industry Data Security Standard，PCI DSS）最初是在 2004 年制定的，当前为 3.2 版（本书编写期间，PCI DSS-4.0 还处于草案阶段，QSA 正在对其进行审核）。这是所有接受信用卡（如 Visa、MasterCard、

American Express 等）的组织都必须遵守的信息安全标准。PCI 标准：

● 是为加强持卡人数据的控制以减少信用卡诈骗而制定的；

● 已成为保护个人可识别信息（Personally Identifiable Information，PII）的事实标准，尤其是在零售行业；

● 是发卡单位必须遵守的；

● 由支付卡行业安全标准委员会（Payment Card Industry Security Standards Council，PCI SSC）管理。

在证明其遵守了 PCI DSS 方面，组织面临着多方面的挑战。对大型组织来说，面临的挑战之一是，每年都要由合格的安全评估员（Qualified Security Assessor，QSA）进行评估，并撰写合规性报告（Report on Compliance，ROC）。在美国，联邦法律并没有要求遵守 PCI DSS，但有些州的法律直接引用了 PCI DSS 或包含与之等价的条款。如果商家遭受数据泄露攻击，同时又没有遵循 PCI DSS，发卡单位可能对其施以严重的经济惩罚。由于商家必须始终遵循 PCI DSS 并证明这一点，因此最佳的做法是不断地改进流程，确保始终遵循了 PCI DSS，而不要将此视为临时性项目。显然，这可能给技术和安全团队带来大量的资源消耗。

在此过程中，主要任务是保护持卡人数据，确保涉及这些信息的交易的安全性。特权访问管理可通过各种方式帮助满足众多的 PCI DSS 要求，从限制访问到命令行过滤。表 20-1 概述了 PCI DSS 要求，从这些要求很容易看出 PAM 对特权的影响。

表 20-1   PCI DSS 要求概述

PCI 数据安全标准 —— 高级概述	
建立并维护一个安全的网络和系统	● 安装并维护防火墙配置，以保护持卡人数据 ● 不使用供应商提供的系统默认密码和其他安全参数
保护持卡人数据	● 保护存储的持卡人数据 ● 对在公开网络上传输的持卡人数据进行加密
维护漏洞管理项目	● 保护所有系统免受恶意软件攻击，并定期更新项目的防病毒软件 ● 开发并维护安全的系统和应用程序
实施强有力的访问控制措施	● 根据业务需要限制对持卡人数据的访问 ● 识别并认证对系统组件的访问 ● 限制对持卡人数据的物理访问
定期监控和测试网络	● 监控、跟踪对网络资源和持卡人数据的所有访问 ● 定期测试安全系统和流程
维护信息安全策略	● 对可以解决所有人员信息安全问题的策略进行维护

20.2　HIPAA

1996 年，美国国会通过了《健康保险可携带性和责任法案》（Health Insurance Portability and Accountability Act，HIPAA），其中包含相关的条款，要求加大健康保险的覆盖范围，在工人更换工作或失业时给予保护。HIPAA 要求建立全国性的电子医疗保健交易标准，并给健康保险提供商、健康保险计划和雇员指定全国性的标识符。在医疗保健行业，HIPAA 已成为保护个人可识别信息（PII）隐私或安全的事实标准。

在 HIPAA 中，包含专门针对受保护的电子健康信息（EPHI）的安全规则（Security Rule），它规定了必须实现的 3 类安全保障。

- **管理保障**：清楚地指出表明实体将如何遵守该法案的策略和规程。

- **物理保障**：对物理访问进行控制，防止以不恰当的方式访问受保护的数据。

- **技术保障**：控制对计算机系统的访问，让相关实体（covered entity）能够对通过开放网络以电子方式进行传输且包含 PHI（受保护的健康信息）的信息进行保护，以防被并非目标接收方的其他人拦截。

从上述 3 类保障很容易看出，必须对病患的健康信息进行保护，以防被潜在的威胁行动者获得。虽然单条健康记录也可能成为目标，尤其是名人或重要人物的健康记录，但在暗网中及对于恶意数据关联来说，大量的数据要更有价值。要访问大量数据，必须有特权，而医生和医疗保健提供商不应有这样的特权。有鉴于此，HIPAA 要求进行特权访问管理。表 20-2 列出了一些 HIPAA 条款，对于这些条款提出的要求，可使用 PAM（密码管理［AM］、终端特权管理［EPM］和安全的远程访问［SRA］）来满足。

表 20-2　可使用 PAM 来满足的 HIPAA 要求

HIPAA 标准	REF	PM	EPM	SRA
安全管理流程	164.308(a)(1)	√	√	√
指派的安全职责	164.308(a)(2)	√	√	√
劳工安全	164.308(a)(3)	√	√	√
信息访问管理	164.308(a)(4)	√	√	√
安全事故规程	164.308(a)(6)	√		
应急计划	164.308(a)(7)	√		

续表

HIPAA 标准	REF	PM	EPM	SRA
业务伙伴合同和其他安排	164.308(b)(1)	√		√
设备访问控制	164.310(a)(1)	√		√
工作站使用	164.310(b)	√	√	√
工作站安全	164.310(c)		√	√
设备和介质控制	164.310(d)(1)		√	√
访问控制	164.312(a)(1)			√
审计控制	164.312(b)	√	√	√
完整性	164.312(c)(1)	√	√	√
人员或实体认证	164.312(d)	√	√	√
传输安全	164.312(e)(1)			√
业务伙伴合同和其他安排	164.314(a)(1)	√	√	√

20.3 SOX

2002 年 7 月，美国国会通过了《萨班斯-奥克斯利法案》（Sarbanes-Oxley Act，SOX）。制定该法案的主要目的是恢复投资者的信心，因为之前出现的一些破产案件导致首席执行官、审计委员会和独立审计人受到了严格的审查。该法案适用于证券交易委员会（SEC）核准的所有公开上市公司。合规性问题的核心是财务数据和文件，而该法案的第 404 节（内部控制评估）将漏洞和特权访问管理视为一项业务需求。这可帮助企业理解交易流程（包括 IT 方面）以发现可能出现虚假陈述的地方，并对用于检测和防范欺诈的控制措施进行评估。在欺诈检测和防范方面，焦点显然是作为攻击向量的特权以及会话监控。

20.4 GLBA

《格雷姆-里奇-比利雷法案》（Gramm-Leach-Bliley Act，GLBA）旨在保护客户的记录和信息。为了遵守 GLBA 中的规定和条款，金融机构必须采取如下措施：执行安全风险评估；开发并实施安全解决方案，以有效地发现、防范和及时地处理事故；执行安全环境审计和监控。与 SOX 一样，GLBA 也包含专门针对风险管理的一节——508 节，其中与作为攻击向量的特权相关的主要部分如下。

- Subtitle A（泄露非公开的个人信息）：对所有处理非公开信息的部门都进行全面的风险管理措施。

- Subtitle B（通过欺诈获取财务信息）：通过社交工程以未经授权的方式获取非公开的个人信息。

20.5 NIST

NIST 特别出版物（Special Publication，SP）800-53——《联邦信息系统和组织的安全与隐私控制》（Security and Privacy Controls for Federal Information Systems and Organizations）是由一个联合任务小组编写的。该小组于 2009 年组建，由来自 NIST、美国国防部、美国情报部门和美国国家安全系统委员会的代表组成。

该指南制定了一整套对强化信息系统及其所处环境来说必不可少的安全控制措施，为组织提供了完整的信息安全和风险管理方法。遵循该指南的系统在面对威胁和网络攻击时将更具弹性。NIST SP 800-53 概述了一种"正确搭建"策略，并指定了确保持续监控的各种安全控制措施，力图以近乎实时的方式向组织高层提供信息，让他们能够根据风险做出与关键使命相关的决策。

为了缓解内部威胁带来的风险，防止数据泄露以及满足合规性需求，对特权访问进行控制和监控至关重要。然而，安全和 IT 负责人必须小心行事，在保护组织重要数据以确保业务持续性和不影响用户和管理员工作效率之间取得微妙的平衡。

NIST 意识到了这种两难境地，因此对职责分离、变更控制和特权会话审计做了规范，明确地指出了组织该如何管理访问以及在什么情况下该这样做。不幸的是，PAM 和 NIST 800-53 之间的映射关系涉及的范围非常广，如果你的组织需要遵守 NIST，请考虑求助于外部咨询人员（或内部专家，如果你的组织有这样的专家），让他们将业务需求映射到合约和可交付成果。范围甚至可能包含供应链，因此除非以合约的方式将审计外包，否则可能完全不受你的控制。

20.6 ISO

在 ISO 27002:2013(E)中，国际标准化组织（ISO）就如何发起、实施、维护和改善信息安全管理提供了相关的指南和通用原则，为组织实现被普遍接受的信息安全管理目标提供了一般性指引。

ISO 27002 指出了控制目标，并列出了为了满足风险评估确定的需求而必须实施的控制措施。ISO 27002 提供了实用指南，可帮助制定组织内部的安全标准和有效的安全管理实践，还可帮助加强组织间活动的安全。

要遵循 ISO 27002 标准，所有安全解决方案（无论是既有的还是新增的）都必须映射到这个框架，这非常重要。这个标准包含 14 条安全控制条款，共涉及 35 个安全类别和 114 项控制措施。无论组织是为了满足合规性要求还是想采用最佳安全实践，这些控制措施大都适用。这些条款与特权访问管理和特权会话监控直接相关。表 20-3 列出了 ISO 27002 中与 PAM（密码管理［PM］、终端特权管理［EPM］和安全的远程访问［SRA］）相关的类别和控制措施。

表 20-3 PAM 与 ISO 27002:2013(E)之间的对应关系

	PM	EPM	SRA
6 信息安全组织			
6.1 内部组织			
6.1.1 信息安全角色和职责	√	√	√
6.1.2 职责分离	√	√	√
6.1.5 项目管理中的信息安全	√	√	√
6.2 移动设备和远程办公			
6.2.2 远程办公	√	√	√
8 资产管理			
8.1 对资产负责			
8.1.3 可接受的资产使用	√	√	
8.2 信息分类			
8.2.3 信息的处理		√	
9 访问控制			
9.1 访问控制的业务要求			
9.1.1 访问控制策略	√	√	√
9.1.2 网络和网络服务的访问	√	√	√
9.2 用户访问管理			
9.2.1 用户注册及注销	√		√
9.2.2 用户访问开通	√	√	√
9.2.3 特权访问管理	√	√	√

续表

	PM	EPM	SRA
9.2.4 用户秘密认证信息管理	√		√
9.2.5 用户访问权限审核	√	√	√
9.3 用户职责			
9.3.1 使用秘密认证信息	√		√
9.4 系统和应用程序访问控制			
9.4.1 信息访问限制	√	√	√
9.4.2 安全登录规程	√	√	√
9.4.3 密码管理系统	√	√	√
9.4.4 特权实用程序的使用	√	√	√
9.4.5 程序源代码访问控制	√		
10 加密			
10.1 加密控制			
10.1.2 密钥管理	√		
12 操作安全			
12.1 操作规程和职责			
12.1.2 变更管理	√	√	√
12.4 日志和监控			
12.4.1 事件日志	√	√	√
12.4.2 日志信息的保护	√	√	
12.4.3 管理员和操作员日志	√	√	
12.5 运行软件的控制			
12.5.1 在操作系统上安装软件	√	√	√
12.7 信息系统审计考虑			
12.7.1 信息系统审计控制	√	√	√
13 通信安全			
13.1 网络安全管理			
13.1.1 网络控制	√		√
13.1.2 网络服务安全	√		√
13.1.3 网络隔离	√	√	√
14 系统获取、开发和维护			
14.2 开发和支持过程中的安全			
14.2.1 安全开发策略	√	√	√
14.2.6 安全开发环境	√	√	√
14.3 测试数据			

续表

	PM	EPM	SRA
14.3.1 测试数据的保护	√	√	√
16 信息安全事故管理			
16.1 信息安全事故和改进的管理			
16.1.2 报告信息安全事件	√	√	√
16.1.3 报告信息安全漏洞	√	√	√
16.1.7 证据收集	√	√	√
17 业务连续性管理的信息安全方面			
17.1 信息安全连续性			
17.1.2 实施信息安全连续性	√	√	√
17.1.3 信息安全连续性的验证、审核和评估	√	√	√
18 符合性			
18.1 法律和合同符合性要求			
18.1.2 知识产权	√	√	√
18.1.3 记录保护	√	√	√
18.2 信息安全审核			
18.2.1 独立的信息安全审核	√	√	√
18.2.2 安全策略和标准符合性	√	√	√
18.2.3 技术符合性审核	√	√	√

几乎所有的法规和框架都包含最佳安全实践，ISO 27002 也不例外，它将监控、管理特权和会话作为管理特权攻击向量及挫败威胁行动者的有机组成部分。通过将这些控制措施映射到你部署的特权访问管理，有助于堵住本书前面讨论的众多攻击向量。

20.7 GDPR

《通用数据保护条例》（General Data Protection Regulation，GDPR）的推出是近年来数据保护领域最重要的举措之一。它于 2016 年 4 月 28 日被批准为欧盟（EU）法律，并于 2018 年 5 月 25 日开始实施。自 GDPR 生效之日起，因违反它而被征收的罚款达数亿美元。

简言之，GDPR 就组织该如何存储和处理欧盟公民的个人数据做了规定。不管组织的总部位于何方、归谁所有、在什么地方运营，只要它存储或处理了欧盟公民的个人数据，就必须遵守 GDPR，否则一旦未通过审计或发生数据泄露，就将面临高额罚款。罚款金额最高可达组织全球营业额的 4%或 1000 万欧元。鉴于影响巨大，所有组织都必须明白 GDPR 规定的义务，并采取合理的措施确保自己遵守了 GDPR：证明自己采取了合理的控制措施对信息予以保护。

GDPR 旨在简化需求，以免给组织带来沉重的额外负担。实际上，GDPR 将《数据保护指令》（Data Protection Directive，95/46/ EC）中 28 种不同的实现合而为一，以提供一致的标准化版本控制和报告。为此，GDPR 提供了自然人保护指南，就个人数据处理和传输提出了要求。它保护了自然人（在 GDPR 中称之为人类身份）的基本权利和自由，具体地说是保护个人信息的权利。该条例允许在欧盟内部不受限制地传输个人数据，同时要求在个人请求时必须将相关的数据删除，以保护其数字身份。该条例从两个方面对其适用范围做了规定。

● 方式范围：数据的处理方式。

● 地域范围：数据和处理地点。

在方式方面，GDPR 适用于自动处理部分或全部的个人数据，也适用于非自动处理方式，即通过纸张或手工填写系统进行处理，但与犯罪行为预防、调查、侦查和起诉，以及惩罚实施、公共安全维护相关的个人数据处理除外。这种区分很重要，因为执法部门及其调查人员并非参与性实体（participatory entities），可能具有豁免权，可以从组织那里收集原本受 GDPR 保护的个人信息。

在地域方面，GDPR 适用于欧盟公民的个人数据处理，具体地说是与向欧洲公民提供产品和服务（不管是收费还是免费的）以及监控他们的个人行为相关的个人数据处理。该条例还适用于《成员国法律》规定的数据处理。

因此，一个重要而难以回答的问题是，在什么情况下，你的组织必须遵守GDPR？下面是需要考虑的几个重要方面。

● **数据当事人的同意**：在未受胁迫的情况下，数据当事人通过声明或行为明确地同意对其个人数据进行处理。除个人数据的收集和处理外，GDPR还就数据当事人同意收集和处理其数据的方式做了具体规定。必须就每种数据处理的方式征得数据当事人的同意，而不能笼统地征得数据当事人的同意，即一次同意涵盖多种处理方式。另外，数据当事人同意后，可随时撤回授权。有关这方面的更详细信息，请参阅 GDPR 的第 7 条（Article 7）。

● **个人数据泄露**：导致个人数据被意外或非法地破坏、丢失、篡改、泄露、访问、传输、存储或处理的安全事故。相较于以前的指令和地区性法规，这个条例对个人数据泄露做出了更严格的规定。它要求控制人在意识到发生了个人数据泄露后，必须在 72 小时内报告监管机构。如果没有在 72 小时内报告，控制人必须说明原因。如果控制人能够证明数据泄露不太可能给相关自然人的权利和自由带来风险，可以不在规定的时间内报告，但不能不报告。

● **责任**：GDPR 还就控制人的个人数据管理责任做了明确规定。控制人必须确保数据处理方式合法、公正、透明；数据只能出于特定、明确与合法的目的进行收集，且只能以数据当事人同意的方式进行处理。控制人还必须负责确保个人数据是准确的，并在必要时确保它们是最新的。对于处理后的数据，使用后不能再保留它们。另外，在处理过程中，必须确保个人数据的安全，例如不允许发生个人数据泄露。控制人有责任而且也必须能够证明自己遵守了该条例。这一点清楚地表明，控制人必须控制谁能访问数据，并知道他们在访问数据时都做了些什么。另外，确保在未经授权的情况下无法访问这些个人数据也至关重要，而这正是特权访问管理的用武之地。

特权访问管理（PAM）提供了大量的解决方案，可帮助组织遵守 GDPR。

● 特权密码管理解决方案可帮助控制谁可以访问操作系统、应用程序、数据库、基础设施和云资源，并提供会话活动证明报告以避免不恰当的活动和访问。

● 服务器最小特权管理解决方案可管理对命令和应用程序的特权访问，避免需要 root 权限和 sudo。

● 终端最小特权管理解决方案可将围绕用户和管理活动收集的数据匿名化，确保在单个数据存储内无法将数据关联到个人。

● 远程访问解决方案可限制对敏感数据的访问，防止可能导致数据泄露的未经授权的访问发生。

20.8 CCPA

《加州消费者隐私法案》（California Consumer Privacy Act，CCPA）被称为美国的 GDPR 类型的数据隐私法律。与 GDPR 类似，CCPA 要求从 2020 年起，组织必须关注消费者数据，并从 2021 年起关注企业之间共享的个人数据。它要求组织在个人请求的情况下，公开其收集、共享和使用个人信息的情况。别忘了，使用特权账户通常可以访问大量的个人数据，因此为了防止安全事故或数据泄露，必须确保这些账户的安全。

从前面介绍的 GDPR 要求可知，如果企业在欧洲有海外业务，要进而遵守 CCPA 将很容易。如果不是这样的，确保遵守 CCPA 将需付出高昂的代价。为了帮助全球性组织，表 20-4 对 GDPR 和 CCPA 做了比较。必须指出的是，为了应对这两部法律之间的差异，需要更新内部策略、流程和系统。

表 20-4　比较 GDPR 和 CCPA

	GDPR	CCPA
适用范围	收集的所有欧盟公民个人信息	2020 年 1 月后收集的所有加州居民的个人信息以及 2021 年 1 月后所有的企业到企业的数据
访问权	个人有权审核被处理的个人信息	个人有权访问 12 个月内收集的个人信息，并对数据是否被存储、贩卖或在组织间传输施加限制
便利权	数据必须能够以对用户友好的格式导入和导出（这与美国法规 HIPAA 类似）	所有个人请求访问的数据都必须能够以对用户友好的格式导出，但对数据导入没有要求
补救权	个人保留对已收集的个人数据进行更正和验证的权利	CCPA 没有个人数据更正条款
停止处理的权利	个人有权收回原来的处理许可，要求停止处理其个人数据	个人有权收回其个人数据，企业必须在其网站或通过类似的数据收集工具提供收回链接或流程
停止自动化的权利	个人有权要求停止可能带来法律后果的自动化处理	CCPA 没有停止自动化决策的条款
停止信息共享的权利	个人有权要求停止将特定类型的个人数据转让给第三方	个人有权要求停止将其个人数据售卖给第三方
信息清除权	在满足特定条件的情况下，欧盟公民可要求清除其个人数据	在满足特定条件的情况下，个人有权要求清除其个人数据
损害赔偿	对损害赔偿额没有限制	在每起数据泄露事件中，最低赔偿不少于 100 美元，最高不超过 750 美元
罚款	最高为全球年营业额的 4%	对于无意的违规，罚款最高为 2500 美元；对于有意的违规，不超过 7500 美元

20.9　ASD

澳大利亚信号局（Australian Signals Directorate，ASD）制定了一系列缓解针对性网络入侵（targeted cyber intrusion）的策略。凭借丰富的网络安全经验（其中包括帮助澳大利亚政府机构应对严重的网络入侵以及执行漏洞评估和渗透测试），ASD 于 2014 年制定了四大推荐的缓解策略。

2017 年，ASD 将四大推荐策略扩展为八大基本策略（Essential Eight）。由于网络安全是动态的，因此需要不断调整方向以应对最新的威胁（如勒索软件）。每隔几年，情况就会发生翻天覆地的变化，企业和政府机构对此已习以为常，但很少有针对特定威胁的推荐策略。八大基本策略如下（其中前四个是澳大利亚信号局于 2014 年制定的四大策略，后四个是 2017 年新增的）。

- 将信任的程序加入应用程序白名单，以禁止执行恶意或未获得批准的程序（包括可执行文件、脚本和安装程序）。

- 给应用程序（如 Java 程序、PDF 查看器、Flash 程序、Web 浏览器和 Microsoft Office）打补丁；发现系统存在极度危险的漏洞后，在两天之内打上补丁；使用最新版的应用程序。

- 给操作系统漏洞打补丁；发现系统存在极度危险的漏洞后，在两天之内打上补丁；使用最新且稳定的操作系统版本；不要使用 Microsoft Windows XP。

- 根据用户职责限制其对操作系统和应用程序的管理特权。这样一来，用户在查看电子邮件和浏览网络时，应使用无特权的账户。

- 禁用不可信的 Microsoft Office 宏，这样恶意软件就无法运行未经授权的例程了。

- 禁止 Web 浏览器访问互联网上的 Adobe Flash、Web 广告和不可信的 Java 代码。在可能的情况下，将所有可有可无的浏览器插件都卸载掉。

- 尽可能让所有系统都使用多因子认证，以加大敌人获得系统和信息访问权的难度。

- 每天都备份重要的数据，并将备份放在离线且安全的地方，这样即便数据遭到破坏，也可使用受到保护的版本来恢复。

基于威胁行动者获得特权的方法，这些建议完全符合特权访问管理解决的威胁。其中第 1～7 条建议旨在缓解特权攻击向量，提供了精密的威胁防范策略；第 8 条是备份原则，与特权攻击向量无关，但有助于修复攻击（如勒索软件）带来的破坏。

20.10 MAS

新加坡金融监管局（Monetary Authority of Singapore，MAS）是为监督金融和银行机构的各种货币职能而于 1971 年组建的。自组建之日起，其指南一直在不断修订，以便能够管理新兴的技术和不断变化的威胁。2013 年 6 月，MAS 制定了互联网银行和技术风险管理（Internet Banking and Technology Risk Management，IBTRM）指南。该文件包含一些必须满足的技术风险管理（TRM）要求、一系列指南（TRM 指南）和勘误说明（TRM 说明）。

TRM 指南包含金融机构应该遵循的一些行业最佳实践，它虽然没有法律约束力，但 MAS 据此来对金融机构进行风险评估审计。

在 MAS TRM 中，与保护特权以防威胁行动者获得它们相关的部分有 4 条（section）。

- 第 4 条：技术风险框架（Technology Risk Framework）。

- 第 6 条：信息系统的获取和开发（Acquisition and Development of Information Systems）。

- 第 9 条：运营基础设施安全管理（Operational Infrastructure Security Management）

- 第 11 条：访问控制（Access Control）。

20.11 SWIFT

环球银行金融电信协会（Society for Worldwide Interbank Financial Telecommunications，SWIFT）于 2017 年 3 月 31 日发布了客户安全控制框架（Customer Security

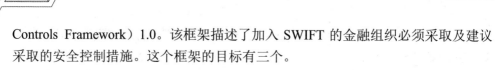

Controls　Framework）1.0。该框架描述了加入 SWIFT 的金融组织必须采取及建议采取的安全控制措施。这个框架的目标有三个。

- 确保环境安全。

  ➢ 限制对互联网的访问。

  ➢ 限制从常规 IT 环境访问关键系统（防止横向移动）。

  ➢ 缩小攻击面并减少漏洞。

  ➢ 确保环境的物理安全。

- 知悉并限制访问。

  ➢ 防止凭证被攻陷。

  ➢ 管理身份及隔离特权（PAM）。

- 检测和响应。

  ➢ 检测对系统或交易记录的异常访问活动。

  ➢ 制定事故响应和信息共享计划。

SWIFT 要求金融组织证明自己实施了强制安全控制措施（但建议采取的控制措施是可选的）。PAM 可帮助实施如下强制的安全措施。

- 1.1 操作系统特权账户控制（Operating System Privileged Account Control）。

- 2.1 内部数据流安全（Internal Data Flow Security）。

- 2.2 安全更新（Security Updates）。

- 2.3 系统加固（System Hardening）。

- 2.6 操作员会话机密性和完整性（Operator Session Confidentiality and Integrity）。

- 2.8 关键活动外包（Critical Activity Outsourcing）。

- 4.1 密码策略（Password Policy）。

- 4.2 多因子认证（Multi-Factor Authentication）。

- 5.1 逻辑访问控制（Logical Access Control）。

- 5.4 物理和逻辑密码存储（Physical and Logical Password Storage）。

- 6.2 软件完整性（Software Integrity）。

- 6.4 日志和监控（Logging and Monitoring）。

组织可通过实施 PAM 解决方案来满足 SWIFT 客户安全控制框架规定的合规性和安全要求。请注意，如果你的组织当前遵循了 NIST 网络安全框架、ISO 27002 或 PCI DSS，SWIFT 提供了到这些框架的映射，旨在加快合规性验证速度，避免在证明报告方面投入重复的劳动。

20.12 MITRE ATT&CK

MITRE ATT&CK 知识库旨在帮助第三方发现威胁、确定威胁的轻重缓急和类型以及获得推荐的威胁缓解策略，严格地说并不是合规性框架。它是一个基于真实攻击的实用结构，其中的攻击按操作系统、特权、方法和技术细节分类。特权访问管理解决方案可缓解大部分攻击，尤其是在结合使用了密码管理、终端特权管理和远程访问功能时。组织将这个知识库作为指南，以证明其风险缓解策略满足了风险降低方面的合规性要求。

基于 MITRE 的企业战术（Enterprise Tactics），特权访问管理解决方案可检测、防范或应对如下攻击向量。

- **初始访问（TA0001）**：敌人用来在网络中建立初始据点的攻击向量。

- **执行（TA0002）**：导致敌人控制的代码得以在本地或远程系统中执行的技术。这种战术常与初始访问结合起来使用，以便在获得访问权后执行代码，并通过横向移动来访问网络中的其他远程系统。

- **持久化（TA0003）**：让敌人能够永久地停留在系统中的访问、操作或配置修改。敌人通常需要通过系统中断（如系统重启、凭证修改或其他故障）来保持对系统的访问，而这些中断会要求远程访问工具重启或使用其他后门来重新获得对系统的访问。

- **提权（TA0004）**：让敌人能够获得对系统或网络更高访问权的操作。有些工具或操作需要更高的特权才能工作，它们在攻击过程中的很多地方

都可能必不可少。敌人可使用非特权账户进入系统，再利用系统的弱点获得本地管理员特权或 SYSTEM/root 特权。敌人还可使用权限与管理员相当的用户账户。敌人为了实现目标，可能需要能够访问特定系统或执行特定功能的用户账户，这些用户账户也可视为提权战术。

● **防御规避**（TA0005）：敌人用来逃避检测或避开其他防御措施的技术。在有些情况下，这些操作与其他类别中的技术相同或是它们的变种，但有一个额外的优点，就是能够破坏特定的防御或缓解措施。在攻击过程的其他阶段，敌人也可使用防御规避战术。

● **凭证获取**（TA0006）：让敌人能够获取或控制企业环境中使用的系统凭证、域凭证或服务凭证的技术。敌人可能试图获取用户账户或管理员账户（本地系统管理员或具有管理员权限的域用户）的合法凭证，以便在网络中使用。这让敌人能够冒充账户的身份，具有该账户在系统和网络中的所有权限，进而让防御者更难发现他们。有足够的权限后，敌人就可创建账户，供以后在环境中使用。

● **发现**（TA0007）：让敌人能够获得有关系统和内部网络方面的知识的技术。敌人获得对新系统的访问权后，必须确定此时获得了哪些控制权以及由此可获得哪些有助于实现当前目标和整体目标的好处。操作系统提供了很多原生工具，可为这个攻陷后的信息收集阶段提供帮助。

● **横向移动**（TA0008）：让敌人能够访问并控制网络和云端的远程系统（但不一定能够在远程系统上执行工具）的技术。横向移动技术可让敌人无须使用额外的工具（如远程访问工具），就能从系统中收集信息。

● **收集**（TA0009）：用于在目标网络中找出并收集信息（如敏感文件），以便接着将其偷运出去的技术。找到系统或网络中的某个位置，以便从中偷运信息的技术也属于这个类别。

● **偷运**（TA0010）：可帮助敌人从目标网络向外传输文件和信息的技术。找到系统或网络中的某个位置，以便从中偷运信息的技术也属于这个类别。

● **CnC**（TA0011）：表示敌人如何与目标网络中受其控制的系统进行通信。敌人实现 CnC 的方式很多，这些方式的隐蔽性各异，具体取决于系统配置和网络拓扑。可供敌人使用的网络资源很多，因此只使用最常见的因素来描述不同的 CnC 方法。实现 CnC 的方法很多，这主要是因为很容易定义新协议，并使用既有的合法协议和网络服务来进行通信。

- **影响**（TA0040）：敌人试图操纵、中断和破坏你的系统和数据。影响战术指的是敌人用来操纵业务和运营流程，进而中断可用性或破坏完整性的技术，其中包括破坏或篡改数据的技术。在有些情况下，业务流程可能看似正常，但实际上已被敌人修改，以便能够达成其目的。敌人可能使用这些技术来达成最终目的或掩盖机密信息的泄露。

虽然每个企业战术都包含多个技术 ID，但检测、特权和缓解细节提供了蓝图，指出了如何使用工具、解决方案、策略或配置修改来挫败攻击向量。这就是很多组织拥抱 MITRE ATT&CK 框架的原因，因为它很实用，而不像很多有法律约束力的合规性框架那样只提供了理论性的愿景。如果你根据这些实际威胁设法实施了特权安全控制，就能满足其他很多法规的要求。

第 21 章

即时特权

在过去 40 年，默认的做法是使用永久性（always-on）账户来进行管理访问。然而，永久性管理凭证（大多数分析人员都称之为长期有效的特权 [standing privilege]）带来的风险面巨大，因为它意味着特权始终有效，可随时行使，无论是出于合法目的还是非法目的。随着虚拟环境、云环境、IoT 环境和 DevOps 的使用不断增多，这个风险面呈爆炸性增大。当然，网络威胁行动者深知通过永久性模型分配过大特权意味着什么。

本书前面讨论过，基于周边的传统安全技术只能保护边界内的特权账户，而现在特权账户在组织内无处不在。每个特权账户都是潜在的特权攻击向量，有些还是可以在互联网上直接访问的。这是即时（JIT，Just in Time）特权访问管理（PAM）的用武之地。

21.1 即时特权访问管理

即时（JIT）特权访问管理（PAM）是一种策略，可将实时特权账户使用请求与权限（entitlement）、工作流程和合适的访问策略关联起来。公司可使用这些策略来实施基于行为参数和上下文参数的限制，从而防止特权账户被持续地使用。这给账户赋予了基于时间的属性。组织应尽可能消除所有的长期有效的特权。

咱们后退一步，再次确保对特权账户做出了明确的定义。特权账户是权限比标准用户大的账户。它可以是特权较大（介于标准用户和管理员之间）的超级用户账户，也可以是具有最高特权的账户，如（Windows 环境中的）管理员账户或（UNIX/Linux 环境中的 root 账户）。

JIT PAM 严格地限制了账户拥有较大特权的时间，从而显著降低了账户可用时的风险面。这其实就是账户特权可被威胁行动者利用的时间窗口。另外，JIT 访问有助于实施最小特权原则，以确保特权活动可以按照可接受的使用策略执行，同时在上下文不正确时或在授权时段之外时，禁止执行特权活动。图 21-1 说明了这一点。

图 21-1 JIT 账户及特权暴露窗口

在一周内，永久性特权账户的可用时间为 168 小时。在永久性特权账户模型中，账户是始终可用的，即便对其进行了密码管理。即便威胁行动者不知道密码，风险面也是存在的。在 JIT PAM 模型中，特权账户仅被用来完成相关的任务或活动。如果实现了特权分离和职责分离，那么每个特权账户都仅在一周的很小一部分时间内处于活动状态。在图 21-1 中可以看到，通过缩短特权账户处于活动状态的时间，极大地降低了潜在的风险。例如，在一周内，特权账户 A 需要执行任务的时间小于 5 小时，威胁窗口只占一周的 2.9%。这种算法也适用于账户 B 和账户 C。因此，使用 JIT PAM 方法来管理特权账户时，账户暴露在风险中的时间要短得多。

21.2 即时特权管理策略

即时特权管理要求组织指定即时特权访问必须满足的条件，并接受这样一个事实，即采用这种策略的账户在打破玻璃场景之外是不可用的。

虽然在其他领域（如制造业）中，存在类似的 JIT 概念，但在安全和运营解决方案中使用这种模型时，在技术方面确实存在一些需要注意的事项，其中一个事项是被委托进行特权访问的临时账户。

JIT 特权账户的目标是，根据获得批准的任务或使命动态地指派或创建必要的账户，并授予它合适的特权，然后在任务完成或批准的访问窗口或上下文过期后，执行相反的过程。

可使用下面的 JIT 技术来实现获取账户并授予合适特权的过程。

- **JIT 账户创建和删除**：创建和删除合适的特权账户，以满足使命目标。这个账户应具有某些特征，可用于将账户关联到发出请求的身份或执行操作的服务，以支持记录和取证。

- **JIT 组成员资格**：在任务执行前，将账户自动加入特权管理组。应仅当满足合适的条件时，才将账户加入特权组。任务完成后，应立即撤销账户的组成员资格。

- **JIT 特权**：一旦满足所有条件，给账户增加特权，以便能够执行任务，但拥有这种特权的时间很有限。任务完成后，需要撤销这些特权，并核实没有以不合适的方式修改其他特权。

- **JIT 模拟**：将账户关联到既有的管理账户，并在执行特定的应用程序或任务时，使用凭证来提权。这通常是自动完成的，或是使用 Windows 命令 RunAs 或*nix 命令 sudo 执行脚本完成的。通常，最终用户并不知道进行了账户模拟，而这个过程可能与永久性特权账户委托重叠。

- **JIT 禁用的管理账户**：系统中禁用的管理员账户拥有执行特定任务所需的权限。需要执行特定任务时启用它们，并在满足运营条件后再次禁用它们。这个概念与永久性管理账户没什么不同，只是使用了原生的启用功能来控制 JIT 的访问。

- **JIT 令牌化**：修改应用程序或资源的特权令牌，再将其注入操作系统内核。在终端上，常使用这种形式的最小特权来提升应用程序的权限和优先级，而无须提升最终用户的权限。

为了让上述提权方法按照即时特权访问原则工作，应考虑将下面的条件作为触发器（这还应包括基于属性的变量，如变更控制窗口的时间和日期，还有发现攻陷迹象时使用的终止条件）。

- **权限（entitlement）**：结合使用特权访问管理（PAM）解决方案和身份与访问管理（IAM）解决方案时，可在它们之间同步权限，以支持特权访问。为此，可通过 PAM 解决方案直接指定 JIT 访问权限，也可通过 IAM

权限以编程方式来指定。虽然使用后一种方法时，同步过程更长，且存在滞后时间，但提供了基于特权的账户审核途径（与 PAM 解决方案相关联时，特权为空），可用于控制访问。

● **工作流程**：在呼叫中心、服务台和其他 IT 服务管理解决方案中，审批工作流程的概念很常见。在收到访问请求后，可根据预定的审批工作流程决定是同意还是拒绝访问。工作流程得到批准后，便可启用一个 JIT 账户。它通常相当于变更控制或服务台解决方案中的用户、资产、应用程序、日期/时间和相关联的工单（ticket）。在这种场景下，PAM 解决方案通常会启用特权会话监控，以核实所有的操作都是合适的。

● **上下文感知**：上下文感知访问以源 IP 地址、地理位置、组成员资格、主机操作系统、安装的或在内存中运行的应用程序、记录的漏洞等为基础。为了满足业务需求并缓解风险，可根据这些特征决定是允许还是拒绝 JIT 账户访问。

● **双因子认证（2FA）或多因子认证（MFA）**：为了决定是否将特权访问权授予永久性或临时特权账户，一种常用的方法是 2FA 或 MFA。虽然这种方法不能区分这两种访问方法，但它可以核实当前身份是否有权使用特权账户，从而进一步降低风险。然而，可将其作为使用前述任何技术的账户的 JIT 触发器。

简单地说，JIT 触发器就是让账户能够进入特权访问状态的条件。可使用单个触发器来授予或撤销账户的特权访问资格，也可结合使用多个触发器。团队需要考虑的两个重要方面是，使用什么样的策略来控制 JIT 账户以确保特权访问是合适的，以及满足什么条件后取消 JIT 账户的特权访问资格。

这些策略应考虑：

● 访问和变更控制的时间与日期窗口；

● 可能昭示着安全攻击的命令或应用程序；

● 敏感信息访问检测；

● 终止主会话；

● 在工单解决方案中，存在相应的抵押品（collateral）；

- 不合适的资源修改，包括安装软件和修改文件；

- 不合适的横向移动企图；

- 操作、创建或删除用户账户或数据集。

这里虽然没有列出所有基于属性的变量，但可帮助你了解哪些条件可用作授予或撤销 JIT 账户特权访问资格的触发器。图 21-2 说明了整个工作流程。

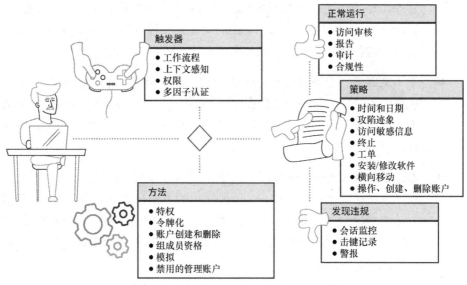

图 21-2　即时特权访问请求和会话的工作流程

21.3　实施即时特权访问管理

JIT 特权访问管理（PAM）是个相对较新的概念，但它来得正是时候，解决了使用大量长期有效的特权账户存在的问题。

要让 JIT PAM 获得成功，应考虑仅在需要认证时才启用特权账户，并控制这些账户的使用时间和使用位置。为此，需要扩展安全模型，确保仅在满足合适的业务条件时才允许执行特权活动。这要求你不仅像传统 PAM 那样限制对账户的使用，而且实时地限制账户拥有的特权。对很多组织来说，这是在保护宝贵 IT 财产方面可采取的影响深远的第二大措施。从审计人员的角度看，这将消除各种昭示

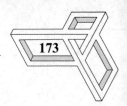

着特权账户太多的迹象。

因此，要成功地实施 JIT PAM，请在设计时考虑如下方面。

- 服务账户等在什么时候需要特权？特定的会话或应用程序在什么时候需要特权，以便能够执行特定的任务？基于任务的特权使用非常适合通过 JIT PAM 来实现。

- 对于执行得不那么频繁的批处理任务、基于触发器的任务或调度的任务，值得考虑使用 JIT PAM。

- 设计和实施任何新资源或应用程序时，应使用尽可能小的特权，而不要使用管理特权。

- 在任何时候，都不要要求最终用户为启动 JIT PAM 工作流程而输入第二个管理特权凭证。始终使用有效的触发器和方法，不要使用单因子认证。

- 在常规的盘点和评估过程中，找出每项资产和资源的永久性特权账户。

- 不要共享用于 JIT 工作流程的账户，这样才能审核特权使用情况，证明合规性。

- 账户创建和删除是一个 JIT 方法，在这个方法中，必须详细记录发出请求的身份和账户，以便对特权使用情况进行审核。

- 对于用于 JIT 工作流程的账户，如果发现它在使用时不处于提权状态，可能昭示着受到了攻击，因为在 JIT 工作流程外面使用了这个账户。

- 在可能的情况下，在 JIT PAM 工作流程中集成 IAM（身份和访问管理）工作流程，以提高整个实体治理模型的可见性。

第 22 章

零信任

根据定义，零信任（zero trust）模型倡导通过创建区（zone）和段（segmentation）来控制敏感的 IT 资源。这要求在区之间部署技术来监控和管理数据，更重要的是在区内由用户、应用程序或其他资源进行认证。另外，这个模型重新定义了位于确定周边内的可信网络的架构。网络可能是内部的（on-premise），也可能位于云端。这在当前具有现实意义，因为云、DevOps、边缘计算和 IoT 等技术与流程让传统的周边概念变得模糊乃至不复存在。因此，对管理相互协作和通信的资源来说，信任区（trust zone）的概念至关重要。

为了实现零信任模型，可使用微分段（micro-segmentation）让主机或数据层成为区。这意味着一项资源（如服务器或数据库）可以有多个区，以支持实现零信任所需的数据收集和监控。从本质上说，零信任建立了一个信任和验证模型，通过不断地评估可信度来决定是否允许接下来的访问，从而阻止任何未经授权的横向移动。

虽然零信任已成为 IT 行业的流行语，但这个模型对设计和运行做了非常具体的规定，因此并非适合所有的组织。实际上，它最适合用于可从开头开始设计的新部署。对于遗留的部署和网络架构，试图按照零信任模型对其进行改造通常不现实，也行不通。

22.1　成功地实施零信任模型

Forrester 分析公司提供了一个粗略的路线图，可用于帮助成功地实施零信任。简单地说，这个路线图包含 5 步，对于其中的每个步骤，可根据实际情况进行调整。

1. **找出静态和动态的敏感数据。**

- 执行数据发现和分类。确保对敏感数据进行了正确的分类。

- 根据数据分类对网络进行分段和分区。

2. **绘制可接受的敏感数据访问和离开路由图。**

- 将以电子方式交换敏感数据涉及的所有资源进行分类。确保它们遵循了停用（end of life）管理和补丁管理等方面的最佳安全实践。

- 对数据工作流程进行评估，必要时就谁和什么资源可访问敏感数据做出新的规定。

- 核实既有的数据工作流程（如 PCI 架构）不仅受到网络的控制，而且还受到通过授权路由来访问网络的实体的控制。

3. **设计零信任微周边。**

- 定义敏感数据的微周边、区和段，并让它们尽可能小而独立。

- 通过物理和虚拟安全控制措施实施分段。

- 根据控制措施和微周边设计确定访问权限。

- 自动生成规则和访问策略基准，并考虑让所有类型的账户都是即时的。

- 对所有访问和变更控制进行审计并写入日志。

4. **使用安全分析解决方案严密监控零信任环境。**

- 找出并使用组织现有的安全分析解决方案。

- 确定安全分析工具的逻辑架构和最佳位置。

- 如果需要新的解决方案，找到安全方向与组织一致且能够对组织的其他安全解决方案进行分析的供应商。

5. **拥抱安全自动化和自适应响应。**

- 使用技术将业务流程自动化，但并非所有方面都应自动化。

- 编写安全运营中心策略和流程文档，对这些策略和流程的有效性和响应速度进行评估、测试。

- 将策略和流程与安全分析自动化相关联，确定哪些方面可从手动提升为自动。

- 检查环境和当前解决方案中自动化的安全与实施。

下面来看看NIST 800-207定义的零信任架构模型。这个模型明确地指出，零信任的目标是专注于少量资源（区）的安全，而非广阔网络周边或包含大量资源的环境的安全。在这种策略中，不根据系统的物理位置或网络位置（局域网、广域网和云）来决定是否信任它，而是由可信源来决定是否授予用户或应用程序访问权。这正是特权访问管理的用武之地。图22-1所示为改进后的NIST核心零信任架构。

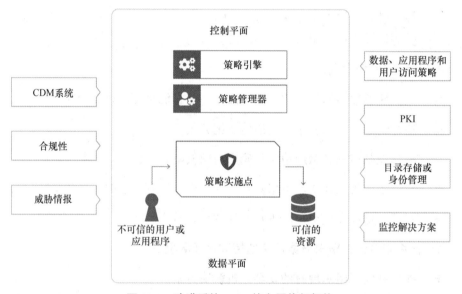

图22-1　改进后的NIST核心零信任架构

控制平面和数据平面中的重要组件通常可在特权访问管理解决方案中找到。

- 策略引擎（Policy Engine）负责决定是否允许访问资源。它根据角色、属性和威胁情报，使用尽可能多的数据来决定是否允许访问。

- 策略管理器（Policy Administrator）负责在客户端和资源之间建立连接。它与资源协商，进而指出连接是否得到了允许。

- 策略实施点（Policy Enforcement Point）负责启用、监控和终止不可信资

源（用户或应用程序）和可信的企业资源之间的连接。

如果将此映射到 PAM，将发现：

- 策略引擎可在企业密码管理器的管理功能、终端特权管理解决方案中管理最小特权的规则和策略，以及安全远程访问解决方案中基于角色和属性的访问模型中找到；

- 策略管理器可在企业密码管理器和安全远程访问解决方案中的会话管理功能中找到；

- 策略实施点可在具有会话管理和特权监控功能的企业密码管理器以及安全远程访问解决方案中找到。

所有这些都依赖于遵循最小特权、即时访问和单次使用认证（single-use authentication）模型的安全凭证。如果你的应用程序可在用户和应用程序访问方面遵循这个模型，便可实现真正的零信任架构。实现零信任架构的一部分是迈向安全计算的重要一步，但这只是一种混合方法。大多数组织实现的都是这种混合方法，因为从技术上说，纯粹的零信任方法并非总是可行的。

22.2 零信任模型面临的障碍

零信任模型是为应对如下行业发展趋势而开发的：组织的远程用户和基于云的资产越来越多，而它们并不位于传统的企业周边内。零信任模型专注于保护资源而不是逻辑网段，因为网络分段不再是衡量资源安全状态的主要因素。因此，有必要讨论一下为何零信任可能并不适合所有的组织，以及可能与使用 PAM 的既有系统不兼容。在很多情况下，需要的是一种混合方法，它具有零信任架构的一些特征，但并不是真正的零信任架构。

在实现 Forrester 和 NIST 的零信任模型时，将面临如下常见障碍。

- **技术债务**：如果你的组织自己开发软件，而且这些软件是多年前开发的，就将面临技术债务的问题。对于这些内部应用程序，重新设计、重新编码、重新部署的开销可能非常高，还可能导致业务中断，因此除非有迫切的业务需求，否则不要这样做。在现有应用程序中添加安全参数，使其支持零信任（zero trust-aware），并非在任何情况下都是可能的。现有应用程序可能条件不够，无法适应零信任规范指定的认证和连接模型，也没有编码成以 NIST 规定的小规模编组方式运行。因此，根据现有应用程序的架构，可判断能否在其中使用零信任模型，还可能确定这样做需要付出的劳动和成本。在应用程序不是微周边兼容的（microperimeter-compatible）、使用了大量依赖于网络的资源或没有支持所需自动化的应用程序编程接口时，更是如此。

● **遗留系统**：遗留的应用程序、基础设施和操作系统大多不支持零信任，它们没有最小特权和横向移动的概念，也没有动态地根据上下文允许修改的认证模型。所有的零信任实现都要求采用分层或包装器方法来支持这些系统，但分层方法要求使用零信任概念来封装所有的资源，而不管它们在什么地方。这违背了零信任的初衷，因为这将创建一个气泡（bubble），其中需要管理的资源比你要保护的原始实现还多。另外，对于不兼容的应用程序中的行为，你不一定能够进行监控，因为你无法以传统的正常方式与之交互。然而，你可通过截屏、记录击键及监控日志和网络流量来发现潜在的恶意行为，但你只能对这个新气泡做出反应。你只能限制用户或其他资源与遗留应用程序的外部交互，而不能限制运行时（runtime）本身。这限制了零信任的覆盖范围，同时根据遗留应用程序的特征，组织可能发现，繁重的加密需求（包括 TLS 1.3）可能导致无法对网络流量进行监控。

● **对等技术**：如果你认为你的组织没有使用对等（P2P）网络技术，很可能是因为你不知道 Windows 10 的默认设置。从 2015 年起，Windows 10 就启用了对等技术，以便在对等系统之间共享 Windows 更新，从而节省互联网带宽。虽然有些组织禁用了这项功能，但有些组织根本就不知道它的存在。这带来了在系统之间进行特权横向移动的风险，而且根本无法控制。虽然现在没有发现与之相关的漏洞和漏洞利用程序，但其通信方式确实有悖于零信任模型：不应有未经授权的横向移动，即便是在特定的微周边内。另外，如果你在 IoT 中使用了 ZigBee 等协议或其他网状（mesh）网络技术，将发现它们的运行方式完全与零信任背道而驰：它们需要对等通信才能运行，而且信任模型严格基于密钥或密码，没有动态的认证修改模型。因此，如果你决定拥抱零信任，务必调查自己的组织是否使用了 P2P 或网状网络技术，包括是否在无线网络中使用了这些技术。因为对零信任要求的访问控制和微周边控制来说，这些技术设置了巨大的障碍。

● **数字化转型**：即便组织决定搭建新的数据中心，实施基于角色的访问模型，全面拥抱零信任，数字化转型方面的考虑也可能导致难以将此变成现实。由云、DevOps 和 IoT 驱动的数字化转型天然不支持零信任模型，因为需要使用额外的技术来实施分段和零信任。对于大型部署来说，这方面的成本太高，还可能影响解决方案正确地与多用户访问交互的能力。如果你不信，只要想想对项目内所有资源的动态访问事件都写入日志相关的存储需求和许可费用，就明白了。有些人可能会说，云确实拥抱了分段和零信任模型，但这完全取决于你如何使用云：直接将机房迁移到云并没有拥抱零信任；如果你在云端以服务的方式开发应用程序，那它确实可以拥抱零信任。然而，在数字化转型中，仅迁移到云端并不意味着必然获得前面描述的零信任模型的好处。直接迁移并不等于零信任；要充分利用特权访问管理，必须一开始就将其纳入设计方案。

22.3　该考虑实施零信任模型吗

实际上，只有那些一开始就将零信任纳入设计的实施获得了成功，从市场营销概念变成了现实。通常，这不是人人都能做到的，除非计划是全新的。简言之，如果你的组织都还没有拥抱密码管理、最小特权和安全的特权远程访问等概念，或者还在维护用于访问的共享账户，零信任将是个遥远的目标，不是你马上就能拥抱的。在你拥抱零信任的旅途中，特权访问管理成熟度至关重要。最后，虽然有些 PAM 供应商宣称其解决方案是零信任的，但销售的解决方案实际上刚踏上零信任之旅。它们提供的并不是能够解决整个问题的完备的零信任解决方案，而是只能解决部分问题的产品。对于这一点，购买者不可不察。

第 23 章
特权访问管理用例

威胁行动者要得逞，依靠的是流程中的弱点，以及组织无力遵循最佳实践。特权访问管理可让威胁行动者无法得逞，即便没有全面遵守其他安全最佳实践。下面是几乎每个组织都将面临的三大问题。

- **员工和其他内部人士拥有的访问权限过高**：员工、供应商和其他内部人士常被授予过高的系统和数据访问权，而且访问过程可能不受监控。

- **凭证是共享和不受管的**：密码是共享的，且没有通过审计、监控和管理来进行规训和问责。

- **信息技术（IT）资产的通信不约束**：台式机、笔记本电脑、服务器和应用程序的通信不受约束，可能打开通往敏感资产和数据的通道。

即便遵循了安全最佳实践，几乎所有的飞地（enclave）或实现也都存在这 3 个问题。表 23-1 通过一些用例从挑战、需求、解决方案和好处等方面说明了如何解决这些问题。

表 23-1 PAM 用例

挑战	需求	解决方案	好处
任务要求使用管理凭证			
● 应用程序需要特权凭证才能正确地运行 ● 安全策略没有向用户提供完成其任务所需的管理凭证或 root 凭证	用户需要执行一些应用程序，而这些应用程序需要的特权超过了标准用户	实现最小特权解决方案，以修改应用程序的特权或将特权凭证无缝地提供给应用程序	在不向用户提供特权凭证的情况下，用户能够执行其任务，同时保持安全策略不变
本地账户的密码已过期			
服务器、台式机、笔记本电脑和平板电脑的本地账户密码被重用、公开或从未修改	安全最佳实践和合规性要求实现特权密码管理，避免密码重用、公开或不受管理	使用密码管理解决方案或代理（agent）技术，找出用于用户登录和服务的凭证并对其进行管理	确保遵循了凭证管理方面的最佳安全实践，确保对移动设备进行管理，避免出现密码重用和密码过期等问题

续表

挑战	需求	解决方案	好处
关联和合并账户别名			
在组织中，同一个身份的本地别名和目录服务别名太多，增加了追溯（reconciliation）工作的难度	组织和法规要求能够可靠地识别用户的活动。过多的别名导致难以将其同身份关联起来	在所有 UNIX、Linux 和 macOS 环境中都使用目录桥接技术，通过活动目录进行集中认证	确保在所有平台中，都使用与身份对应的权威账户——活动目录账户，从而消除了本地别名
将高风险应用程序和使用情况相关联			
威胁分析和漏洞管理程序不能将脆弱的应用程序和实际使用情况关联起来	组织无法根据用户行为和应用程序的使用情况确定需要优先处理的漏洞	详细地跟踪应用程序，将结果与已知的漏洞关联起来	根据漏洞、年龄和风险编写白名单、黑名单和灰名单，对应用程序进行控制
撤销最终用户的管理特权			
为了缓解威胁、遵循安全最佳实践和法规，需要对特权进行管理	撤销所有最终用户的管理权限，同时避免影响工作效率	实现最小特权解决方案，为执行相关的应用程序和操作系统任务提供特权，而不向最终用户提供管理凭证	通过避免基线漂移降低了风险，通过撤销特权缓解了恶意软件威胁，降低了总体拥有成本，满足了合规性要求并减少了管理账户数量
撤销对服务器的管理权限			
为了缓解威胁、遵循安全最佳实践和法规，需要对特权进行管理，并对访问服务器的会话活动进行监控	撤销管理员的管理特权或 root 特权，同时避免影响服务器管理工作的效率	实现最小特权解决方案，为执行相关的应用程序、数据库和操作系统任务提供特权，而不向管理员提供本地管理凭证或域管理凭证	通过实施变更控制降低了风险，通过撤销权限缓解了恶意软件威胁，满足了合规性要求并对会话进行全面管理
删除应用程序到应用程序密码			
应用程序、服务和数据库需要有凭证或证书才能正确地运行，因为它们的进程需要向本地或远程资源认证	能够删除应用程序中指定的静态和过期密码，用 API 调用或其他编程替代品取而代之	实现密码管理解决方案，该解决方案能够替换应用程序中的密码或替换应用程序内的 API 调用，以删除用户定义的或硬编码的密码或证书	在应用程序之间使用的密码或证书不再是硬编码或过期的，而由密码管理解决方案进行管理
变更控制工作流程需要获得批准			
需要管理特权或 root 特权的变更控制必须得到团队成员的批准才能执行	实现一个与团队成员取得联系的工作流程，请求批准对主机的特权访问，以便完成受变更控制管理的特权任务	实现一个密码管理或最小特权解决方案，使用工作流程引擎（内部的或与第三方解决方案兼容的）进行跟踪、报告并在获得批准后提供访问	对变更进行管理，遵循最佳安全实践，要求特权访问工作流程获得批准
缓解基础设施访问风险			
非服务器基础设施，如路由器、交换机、防火墙、负载均衡器、相机、安全系统、iDRAC 等。通常在多个设备上具有相同的密码（密码重用）或具有过时的密码，这带来了不必要的风险和暴露	提供一种基础设施密码管理机制，确保密码都是独一无二的，并通过定期轮换确保密码不过期	实现这样的密码管理解决方案，既能够发现基础设施设备并对其进行分类，还能够定期轮换受管账户的密码	确保每台设备使用的密码都不同，并自动轮换密码以防密码泄露或过期，从而降低了风险

续表

挑战	需求	解决方案	好处
自动登录以免暴露凭证			
在不暴露凭证的情况下提供对资源的访问。密码一旦公开，发生的事情就不是你能控制的了	在不暴露凭证的情况下登录资源（应用程序、操作系统、数据库等），不给攻击者提供复制并重用凭证的机会	实现这样的密码管理和/或最小特权解决方案，即能够自动将凭证传递给认证源，避免将其暴露给最终用户	用户自动登录，并能够通过监控会话来发现恶意活动
记录特权活动供审计和合规性检查时使用			
记录用户在会话期间的所作所为，并在发现不合适的活动时发出警报，尤其是在用户使用的是管理账户或共享账户时	以方便报告和索引的方式拍摄视频、记录击键、记录应用程序活动，供安全团队和审计人员审核	实现一种与活动会话同时运行并能够记录会话、记录击键和记录应用活动的技术，或者使用代理技术。结果应存储在数据库中，并对其进行加密和保护，以便必要时对可用于取证或诉讼	可通过审核会话活动，发现错误或恶意活动及取证
提供云资源访问代理（broker）			
限制对云资源的特权访问，只让信任的用户和资源从信任的位置这样做，从而降低云资源面临的风险	实现相关的安全流程和技术，控制对云资源的特权访问，避免它们被远程威胁行动者攻陷	实现云访问服务代理（CASB）或远程会话代理，根据用户、凭证、位置乃至日期和时间对远程连接进行管理	这增加了一个安全层，允许合理地访问和控制云资源，同时对潜在的横向连接进行限制
管理第三方访问风险			
确保非员工用户正确地使用合作伙伴、承包商和授权的第三方对公司、云或其他资源的访问权，即便访问是临时的	提供基于用户、位置、时间和日期的上下文感知访问。记录所有的活动，以便审计和取证	实现密码管理解决方案，按会话活动审核要求的粒度对访问进行控制和监控	限制非员工访问的暴露，降低凭证盗用、非法会话以及未经授权的横向移动带来的风险
打破玻璃			
在危急时刻提供对系统的带外访问	可在情况紧急时允许特权访问	实现这样的密码管理系统，即在危急时刻可提供紧急（打破玻璃）凭证，并记录所有的活动和使用情况	确保可快速解除危机，即便重要员工联系不上或发生灾难
最大限度地减少数据暴露			
在用户或管理员被授予对系统、应用程序或数据库的访问特权时，控制对敏感数据的访问	提供对命令、显示的数据以及可能暴露敏感数据的恶意活动的输出进行监视的途径	实现这样的密码管理器和最小特权解决方案，能够执行命令行过滤和活动报警，查找可能昭示着数据暴露的显示结果	可禁止用户和管理员执行敏感命令，并在出现来自于敏感源的数据时向安全团队报警
基于角色的细粒度访问			
操作系统和应用程序可能没有实现细粒度的权限控制，以对不合适的访问进行限制	在可能的情况下，对命令、子进程、应用程序和操作系统函数进行限制，即便执行它们的用户拥有特权	实现一种技术，对各个命令、子进程、脚本和应用程序进行监控，并在它们执行时采取措施（包括将任务加入黑名单以禁止执行）	对于没有实现基于角色的访问的操作，可最大限度地缩小其攻击面
非法账户			
特权用户可能违背公司策略和最佳安全实践，创建非法的本地账户、域账户或应用程序账户	禁止创建非法账户，以防止带外访问和潜在的恶意活动	实现一种技术，对本地账户、域账户和应用程序账户的创建情况进行监控，甚至根据公司策略禁止创建这些账户	只允许在批准的业务流程中创建账户，从而降低了风险

挑战	需求	解决方案	好处
服务账户			
服务账户具有对本地系统的访问特权，在有些情况下（如服务账户为 Windows 域账户时），还能访问远程资源。鉴于管理这些账户的复杂性，以及密码修改给操作带来的潜在影响，通常将密码设置成不过期的，因此很少修改它们	使用自动方法发现、轮换和分发服务账户密码，同时最大限度地减少对相关应用程序和进程的影响	实现密码管理器，集中地发现和管理密码以及重启整个企业中的服务	存储的密码不再是硬编码的，可频繁地轮换，同时缩短相关应用程序和服务的停运时间。这降低了与员工和承包商执行后门访问相关的风险，以及众多密码破解方法带来的风险
控制账户的可用性			
管理账户是永久性的，这增大了风险面，因为威胁行动者在任何时刻都可利用管理账户来发起攻击	根据业务需求设置管理账户的时间属性，使其只在特定的时间内可用	根据业务需求以及内部变更控制和工作流程，管理账户仅在需要执行相关任务期间可用	极大地缩短了管理账户的可用时间（对那些不常用的管理账户来说尤其如此），从而大大地缩小了风险面
动态访问控制			
动态访问控制不是具体的用例，但在前面讨论的所有场景中，都可通过实现它来进一步提高安全性。组织可能需要控制用户在什么时候可以访问特定资源和系统，但原生访问模型可能无法满足这种要求。例如，第三方供应商不应在下班期间访问其密码；服务器管理员不应在月末的工资单处理期间（或从远程位置）访问财务应用程序服务器	很多组织都需要定期访问网络的内部和外部实体，问题是如何确保用户的凭证得到了妥善的管理。黑客常常会利用外部凭证来找到进入网络的路径，因此组织需要在底层系统和应用程序的原生访问结构的上面，叠加一个更灵活、更动态的访问模型	实现密码管理解决方案/或会话管理解决方案，提供动态的访问策略结构。动态访问模型在访问请求期间对所有的参数进行评估，确保做出合适的访问决策。评估标准可能包括：试图登录的是谁、试图访问哪个系统、登录是从什么地方发起的、请求的访问权限多大、当前是星期几、是什么时间	通过检查访问请求/会话的上下文，组织可遵循相关的最佳实践，从而降低风险，保护组织免受攻击。例如，如果你知道打破玻璃账户仅限紧急情况下使用，可将其设置为仅在非正常上班期间可用。另外，如果一个账户通常由远程办公人员在家里使用，就可确认请求是通过 VPN 集中器进入的
事故跟踪			
远程管理和工单系统无法知悉事故以及计划外的资源分配	变更控制和事故跟踪权威源（authoritative source）能够知悉并批准带外访问和变更	实现特权访问解决方案，将活动与工单解决方案、服务台和其他呼叫中心解决方案整合，以支持工作流程和记录	使用工单记录所有访问，并提供书面访问流程
开通远程访问账户			
现有的控制措施和流程未对员工、供应商或承包商的远程访问进行管理	根据现有指南和访问限制策略确立远程访问安全控制措施	自动开通并配置远程访问内部资源的账户，让远程访问体验尽可能接近办公室办公	自动开通远程办公账户以支持远程办公，并消除与 VPN 技术相关的风险
开通特权远程访问账户			
现有的控制措施和流程未对特权远程访问账户进行管理	根据现有指南和访问限制策略确立远程访问安全控制措施	自动发现并开通远程访问账户（无论是内部的还是来自外部连接）	自动对远程访问账户进行特权账户管理，对其密码进行管理、轮换和跟踪，以发现不合适的访问

续表

挑战	需求	解决方案	好处
远程访问会话管理			
会话管理策略未涵盖到内部资源或云环境的外部连接，无法审计和报告	到内部资源的连接可能是从网络周边的外面发起的，因此此可能绕过会话监控策略	根据合规性要求，可在连接分界点（通过特权会话代理）或终端执行会话管理，包括会话记录、击键记录和横向移动检测	在任何情况下，都可实施会话管理，而不受远程访问入口、网络路径和访问的资源的影响
特权远程访问			
以管理员或 root 用户的身份进行远程访问时，需要通过用户交互来检索特权访问凭证	用来检索特权远程访问凭证的技术无法抵御各种攻击向量，其中包括截屏和内存抓取恶意软件	提供无缝的特权远程访问，检索和应用凭证时无须通过用户交互，避免了将账户暴露给最终用户	无缝连接、易于使用，同时缓解了恶意软件在特权会话期间从最终用户的资产中窃取凭证的风险
远程访问风险评估			
允许获得授权的用户进行远程访问，而不考虑与目标资产和源资产相关联的风险与威胁	按行业标准打造一个资产风险系统，对威胁和风险进行估量，并根据相关的数据决定是否允许建立远程访问连接以及授予多大的特权	根据配置和漏洞评估向特权与远程访问引擎提供威胁和风险评估数据，并据此确定远程访问连接的状态	可使用行业标准评分系统确定资产的网络安全卫生状况，进而拒绝从高风险源发起的或目标为不安全资产的远程特权访问

第 24 章

部署方面的考虑

无论何时开始一个企业项目，都须考虑成本、投资回报、风险、好处、威胁、工作流程等。部署 PAM 解决方案时，必须让可能受到影响的每个人（从员工到供应商）都明白它可能会影响整个组织。这意味着不仅管理员会受到影响，而且可能失去管理权限的最终用户也会受到影响。这可能影响普通员工和高管，还可能影响承包商（但愿你的企业没有赋予临时工管理权限，但往往不是这样的）。你必须先回答如下问题：从哪里着手？如何部署？如何培训？有哪些可测量的结果？否则，内部政治、用户抵制和影子 IT 可能让你根本无法实现拥抱 PAM 的初衷。本章介绍一些部署方面的问题，在 PAM 部署过程中，高管、安全专业人员、运营团队必须给予考虑、讨论和解决。

24.1　特权风险

如果无法知悉企业的所有特权账户和凭证，将面临巨大的风险，对那些依靠手工流程和工具的公司来说尤其如此。在大多数组织中，特权账户（很多早已被遗忘）可能充斥在各个地方，包括台式机、服务器、虚拟机管理器（Hypervisor）、云平台、云工作负载（cloud workload）、网络设备、应用程序、IoT 设备、SaaS 应用程序等。不同的团队可能分别管理着各自的凭证（也有可能根本就不管），因此难以跟踪所有的密码，更别说谁可以使用以及谁在使用了。一名管理员可能能够访问一百多个系统，这将导致他在维护凭证方面走捷径。

环境中散布着如此多的特权，该从哪里着手呢？有时候，组织会从最终用户着手，目标是消除台式机的管理权限，以缓解勒索软件等威胁。有时候，组织会从支持关键业务应用程序（如交易大厅或银行系统）的 *nix 服务器环境着手。有时候，组织需要根据合规性需求对第三方供应商进行监控；还有些时候，组织需要根据审计结果将焦点放在部分资产上，如妥善地保护和管理与安全 PCI 网段相连的资产。至于该从服务器、台式机、网络设备还是其他连网的设备着手，其决策是根据风险、复杂度和成本做出的。先问问自己，最大的痛点是什么？首先处理它有何风险？能够成功吗？明白风险和痛点后，先把创可贴揭掉或者说先找软柿子捏，以确保成功并获得经验。

对很多组织来说，在解决方案的整个生命周期内对风险进行定量评估是个问题。如何度量特权风险呢？这随不同的组织而异，但通常会根据合规性需求进行建模。因此，控制措施出现问题昭示着存在风险。毕竟，这不像使用 CVSS 评分的 CVE 那么简单，你选择使用什么样的指标得有依据。

24.2　特权凭证监管

即便 IT 团队成功地找出了分散在企业中的所有特权凭证，也并不意味着就能知道特权会话期间（即账户、服务或进程被授予特权并被使用的时段）有哪些具体的活动。授予超级账户特权并不意味着允许用户为所欲为。另外，诸如 PCI 和 HIPAA 等法规不仅要求组织采取安全措施对数据进行保护，还要求它们能够证明这些措施的有效性。因此，出于合规性和安全考虑，IT 部门需要知道特权会话期间发生的活动。

理想情况下，IT 部门还应该能够牢牢地控制会话，以防以不合适的方式使用凭证的情况发生。然而，在整个企业中，可能有数百个会话在同时运行，IT 部门如何能够迅速发现并制止恶意活动呢？虽然有些应用程序和服务（如活动目录）能够将用户活动写入日志，而且使用事件日志数据中登录事件的 Windows 服务器能够揭示一些行为异常情况，但要全面记录特权账户活动，还得全面实现 PAM（不仅仅是管理密码）。因此，在设计部署和工作流程时，务必考虑在哪些情况下需要对凭证进行监管以确保可审计性，以及需要哪些基础设施。凭证监管必须采取安全措施以防止存储的会话被滥用，同时，如果需要长时间地存储归档的会话，可能需要大量的存储空间。

24.3　共享的凭证

IT 团队常常共享 root 账户、Windows 管理员账户和众多其他特权账户的密码，以便能够在需要时无缝地分担工作负载和职责。然而，在多人共享账户密码的情况下，可能无法将使用账户执行的操作关联到特定的人（身份），导致审计和追责工作更加复杂。为了确保部署成功，请对这种问题发生的频率进行评估，确定在哪些地方需要使用 PAM 来解决它。简单地说，确定在环境的哪些地方用户共享了特权凭证、这样的情况有多少，以及如何使用 PAM 来消除这种不良行为。对于有特权账户的每位用户（从服务器管理员到网络基础设施工程师，再到服务台技术员），都应考虑这一点。

24.4　嵌入的凭证

为了方便应用程序到应用程序（A2A）认证和应用程序到数据库（A2D）的通信，需要使用特权凭证。应用程序、系统和 IoT 设备通常在出厂时内嵌了默认凭证或后门凭证（部署后也常常如此），这些凭证很容易被猜出来，因此会带来巨大的风险，除非对其进行管理。这些特权凭证常常是明文，可能存储在脚本、代码甚至文件中。遗憾的是，在找出或管理存储在应用程序或脚本中的密码方面，没有放之四海皆准的有效方法。换言之，每个实现都是不同的。要保护嵌入的密码，必须将密码与代码分开，这样在密码未被使用时，它将安全地存储在中央密码保险商或密码存储区中。为了确保部署成功，在实现 PAM 时找出所有的嵌入式凭证至关重要。另外，在删除这些凭证后，如何处理容错问题，确保不会导致业务中断也至关重要。

24.5　SSH 密钥

IT 团队通常依赖于 SSH 密钥来避免手工输入登录凭证，以安全的服务器访问自动化。SSH 密钥数量的剧增让数以千计的组织面临巨大的风险，这些组织的 SSH 密钥数量可能超过 100 万，可能成为威胁行动者作为渗透关键服务器的后门。请审视你的环境并回答如下问题：SSH 密钥都在什么地方？当前是如何管理它们的？它们过期后该怎么办？实际上，PAM 能够管理 SSH 密钥，因此你的环境绝不会糟糕到这样的地步。你要做的是找出这些密钥，并以自动化方式将其纳入管理的范畴。这个在部署时需要考虑的问题常常被忽视，因为 IT 团队只专注于最终用户的密码管理，而忽略了管理员和应用程序使用的 SSH 密钥。

24.6　云端特权凭证

在云端和虚拟环境中，找出特权账户并进行审计的难度通常更大。云（SaaS、IaaS 和 PaaS）和 AWS、Office 365、Azure 等提供的虚拟管理员控制台提供了大量的超级用户功能，让用户能够快速开通、配置和删除大量的服务器与服务。例如，基于云的虚拟服务让用户只需单击几下鼠标，就可管理数千个虚拟机、容器和其他服务（其中每个都有自己的特权和特权账户）。随之而来的难题是，如何管理所有这些新创建的特权账户，并在资源退役后正确地禁用相关的特权账户呢？另外，云平台本身通常没有提供可细致地审计用户活动的特权会话监控功能。还有，即便组织实现了一定程度的密码管理自动化，但如果没有考虑云，也不能保证这些密码解决方案能够妥善地管理云凭证。为了确保部署获得成功，需要确定组织使用了多少云服务、谁对它们有访问特权以及当前是如何访问、维护和监控这些资源的。另外，别忘了了解整个工作流程，包括账户的开通和关闭（offboarding）。在很多时候，账户的关闭都会被忽视，导致 PAM 实现因需要管理大量垃圾账户而陷入困境。

24.7　功能账户

功能账户是特权访问管理（PAM）和身份与访问管理（IAM）中使用的一个概念，指的是用来执行自动账户管理功能的账户，而不管是在本地、中央、操作系统或应用程序内、内部（on-premise）还是云端。简单来说，功能账户可帮助管理其他账户，在很多实现中，它们都有对多项资源的域管理员或 root 用户访问特权。管理功能包括（但不限于）账户的创建和删除、密码轮换、账户的启用和禁用以及赋予和撤销账户的组成员资格。

良好的功能账户架构对各个功能账户的功能进行限制，提供多个用于管理区、资源、资产和应用程序的功能账户，而不是在整个环境中使用为数不多的几个（具有域管理特权的）万能账户。在身份与特权访问管理解决方案中，通常没有将这些账户作为即时账户进行管理，因为它们必须是永久性的，以便能够执行其自动化功能。因此，一个功能账户被攻陷时，影响将非常大，因为受该功能账户控制的所有账户（受管的账户）都将处于危险中。

咱们以部署在你的环境中的 Windows 资源为例（这些资源可能是服务器，也可能是笔记本电脑）。在这种情况下，功能账户将管理给资源设置的所有特权账户和服务账户，而这些账户还被关联到必须共享凭证的其他系统。这些账户可根据需要或按工作流程进行轮换、检入和检出。对这些账户的所有管理都是通过功能账户进行的，不管它们是本地账户还是域账户。目标是确保凭证始终独一无二，不会过期或进入休眠状态且变更频率足够高，以缓解特权凭证被盗用或滥用带来的风险。

考虑到功能账户的强大威力和用途，管理员和最终用户必须始终注意如下几点。

- 绝不要将功能账户关联到任何身份，它们是独立地运行的。

- 只能在 IAM 和 PAM 解决方案中使用它们来自动完成任务，绝不能在其他应用程序中使用它们。

- 绝不能使用它们来完成日常工作。

- 必须像管理其他特权很大的账户和密码（证书）一样管理它们，并定期地轮换以防过期。轮换时必须万分小心，避免依赖于它们的管理功能因未更改密码或密码不对而不能正确地运行。

- 在 IAM 或 PAM 中，不能将功能账户作为即时账户进行管理。

- 尽可能将功能账户设置为本地账户而不是域账户，但有些应用程序和实现必须例外。请遵守如下简单规则：管理或实现时，能避免使用域账户就避免使用，这可降低风险。

要对特权账户进行管理，功能账户必不可少。为了执行其功能，功能账户的特权很大，这带来了非常大的安全风险，因此对其采取的保护措施应该比域管理员凭证还要严格。IAM 和 PAM 解决方案可满足这些要求，但部署时必须遵守一些基本准则。

24.8 应用程序

传统上，为了向外部资源（如远程数据库、文件共享和目录存储）进行认证，应用程序必须存储凭证，因此确保开发人员安全地存储这些凭证始终是个难题。遗憾的是，多年来，开发人员开发了大量这样的应用程序：将凭证以明文方式（或糟糕的散列值方式）存储在应用程序的配置文件中。在过去的 5 年中，随着云计算产品及 SaaS 和 IaaS 产品呈爆炸性增长，应用程序越来越多地需要与众多平台（而不是单个外部资源）交互，因此配置文件常常包含大量用于连接到其他外部资源的凭证，其中包括 API 密钥。零信任的愿景之一是，消除这些凭证存储模型，转而使用第三方策略引擎来代理认证。通常，大家并不认为 API 密钥是开发人员需要保护的敏感信息，证据是很多应用程序都极力确保凭证得以安全地存储，但对于用于访问云资源的 API 密钥，却保留为明文形式，甚至将其发布到网络论坛上。开发人员推送到 GitHub 中的代码中可能包含 API 密钥，在 Stack Overflow 中张贴源代码时，可能无意间暴露了 API 密钥。这样的情况多如牛毛。如此的粗心大意，太令人震惊了。

与传统资源一样，在云上投资时，需要敦促开发人员实现应用程序的最高目标，同时最大限度地减少特权。对大多数公共 API 来说，这样的理念难以遵守。对于传统的用户名和密码，通常可以实现特权有限的基于角色的访问。开发人员必须明白，API 密钥通常授予应用程序访问整个环境的权限，这与最小特权原则背道而驰。因此 API 密钥暴露后，将无法对应用程序进行限制，使其只执行必不可少的功能。在这方面，SendGrid 是个例外，它在提供细粒度控制方面做了大量工作，限制了 API 密钥可使用的功能。

随着企业不断地将工作负载迁移到云端并提倡更安全的编码方式，API 安全和供应商平台安全将越来越成熟。这是 PAM 的用武之地，它可确保特权不是非黑即白的，并将细粒度的特权模型用于所有应用程序访问。在 PAM 部署中，应考虑应用程序的认证方式以及它们是否使用 API 密钥。这些不应在应用程序中以硬编码的方式实现，而应在密码存储中集中管理。

24.9　应用程序专用密码

在确保特权访问安全方面，有一点是确定的，那就是等你读到本书时，情况将发生变化。本书在出版后，一次性密码（OTP）和行为认证等概念风生水起，而其他方法以失败告终或被淘汰。2019 年，一个前途无限的新概念被引入到主流消费社区，它就是应用程序专用密码（application-specific password）。这个概念虽然还未进入企业，但它有一些明显的优点，因此可能很快就会被引入到商业实现中。

应用程序专用密码背后的理念很简单，那就是一个身份只有一个账户，因此只有一个用户名。这与一个身份有多个账户的传统模型不同。但是，每个账户可以有多个密码，其中每个密码都是特定应用程序专用的。用户登录管理控制台，并为新应用程序生成随机密码。用户使用独特的名称（如 Outlook）注册应用程序，在规定的时间内创建一个账户并通过应用程序的认证。在初次认证期间，将采集应用程序的指纹或进行密钥交换。如果由于密码盗用或其他形式的密码重用，导致密码被其他应用程序使用，将被拒绝访问并可能锁定这个应用程序专用密码。对于有数百个账户的用户来说，这可能在管理方面带来噩梦，但它确实解决了重要的特权访问管理问题，如横向移动和密码重用。这个较新的概念值得你持续关注，它也是部署时需要考虑的一个因素，因为大多数企业密码管理解决方案还不能与这种范式（paradigm）交互。

第 25 章

实施特权账户管理

组织逐渐认识到，妥善地保护特权凭证是防范攻击的最佳措施之一，无论攻击来自外部黑客还是恶意的内部人士。为了得到最佳结果，特权访问管理解决方案应实施全面的控制和审计层，在特权攻击向量杀链（kill chain）的各个阶段对身份、账户、密码和密钥加以保护。实施的总体目标有下面这些。

- 限制特权账户的使用、控制对企业资源的特权访问，以缩小攻击面。这一点对远程访问会话来说尤其重要，不管它们是从可信的内部资源发起的，还是从获得授权的外部实体发起的。

- 对特权用户、会话和文件活动进行监控，以发现未经授权的访问或以不恰当的方式影响组织敏感数据或正常业务运营的修改。

- 根据最佳安全实践和合规性指南对资产与用户行为进行分析，找出可疑或恶意的活动，帮助确保业务运营的安全。

- 采用低影响的方法在整个企业中最大限度地实现 PAM，在不影响工作效率或给业务运营带来过大负担的情况下，对特权进行保护。

实施端到端特权访问管理解决方案时，应遵循预定的流程，以最大限度地降低成本和干扰，并在尽可能短的时间内带来成果。对特权这个攻击向量进行管理时，可采用图 25-1 所示的十步法来帮助管理风险并提供可预期、可记录的结果。在开启 PAM 之旅后，这个包含 10 步流程的结果是可度量的。

这些步骤只是指南，不一定要亦步亦趋，在选择和部署特权访问管理解决方案的过程中，务必始终牢记这一点。然而，强烈建议所有组织都从第 1 步开始，因为如果不知道特权账户在什么地方，那么对于接下来采取的任何步骤，都无法判断它是否取得了成功。图 25-2 通过简单的图示说明了第 1 步的范围。

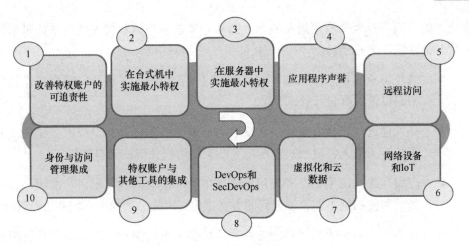

图 25-1　成功实施特权访问管理的 10 个步骤

图 25-2　典型企业中发现过程的范围

25.1　第 1 步：改善特权账户的可追责性

要更严格地控制特权，最合乎逻辑的做法是先从改善特权账户的可追责性（accountability）着手。简单地说，就是找出每个特权账户，确定其中的哪些被共享、被哪些人共享以及这些人为何要共享。如果不能有效地管理共享账户，将带来巨大的风险。只要看看最近的数据泄露事件就能明白这种情况的后果或带来的挑战。请注意以下几点。

- 系统可能有嵌入或硬编码的密码，这给滥用提供了机会。必须找出这些密码以便对其进行管理。

- 必须通过用户交互来输入凭证时，可能导致凭证暴露。找出在哪些地方需要手工输入特权账户，这将有助于将特权凭证注入自动化。

- 应用程序到应用程序和应用程序到数据库的访问需要密码和密钥，这些密码和密钥绝不能以硬编码的方式指定，因此必须找出它们并进行管理。

- 最终用户的密码通常是静态的，因此必须予以保护，以防泄露到组织外面或被重用。找出本地管理凭证后，可找出相关的资产并撤销它们的这些权限。作为一种缓解风险的措施，应实施最小特权。

- 手工轮换密码既耗时又不可靠。人都会犯错，如忘记修改账户密码或重用密码。找出这些账户并对其进行自动管理，可消除人为的因素。

- 对访问进行手工审计和报告既烦琐又容易出错。找出所有的特权账户并自动监控它们，这有助于确保报告、审计和分析尽可能准确。

那么，组织该如何确保共享特权账户的可追责性，以满足合规性和安全需求，同时不影响管理员的工作效率呢？

答案在本书前面多次提到过，那就是自动化。通过自动发现特权账户，可提供可追责性，为密码和会话管理、撤销终端的管理权限（实施最小特权）以及特权远程访问会话管理提供帮助。通过改善可追责性、加强特权访问管理，IT 组织可降低安全风险，满足合规性要求。为此，可考虑下面 5 个有关如何改善特权账户可追责性的建议。

- 对网络进行全面的扫描、发现和分析，并以自动方式开通特权账户。

- 通过第三方集成和 API 调用来发现特权账户。

- 根据发现和评估过程提供的数据动态地生成权限集（permission set）。

- 对发现过程应用细粒度的访问控制、工作流程和审计，以确保准确性。

- 对发现的数据应用基于角色的访问，确保结果不会被滥用。

只要按上面的要求做，组织就能发现其环境中的所有账户，对其进行管理并满足审计人员的要求（账户得到了妥善的管理并在合适的时候将其关闭）。

25.2 第 2 步：在台式机中实施最小特权

找出账户和资产并以对其进行管理后，完成特权访问管理的下一步是在最终用户的计算机中实施最小特权，即撤销可能被本地或远程用户行使的本地管理权限。作为一种最佳安全实践，组织应先降低台式机的风险，再降低服务器（如第 3 步将处理的 Windows 服务器、UNIX 服务器和 Linux 服务器）的风险，因为终端通常是安全的"最后一公里"，同时也是威胁行动者的主要目标。有些组织可能采取相反的顺序，先服务器后台式机，这取决于组织的业务需求和风险偏好。但正如前面讨论过的，首先必须执行第 1 步，以确定部署的范围。

限制或禁用最终用户特权的工作可能既烦琐又耗时，但为了支持审计或满足合规性要求（撤销不必要的管理权限），这项工作必须做。如果组织对台式机映像和应用程序进行了标准化，这项工作将相对容易。如果每台机器都不同，那么优先对哪些用户、角色和资产进行管理将是一个较为艰难的业务与技术决策。虽然默认不应向用户授予本地管理员或高级用户特权，但有些应用程序需要有较大的特权才能正确地执行。那么，对于拥有过大特权，导致组织可能遭受攻击或违规的用户，IT 部门如何降低他们带来的风险，同时又不影响他们的工作效率呢？

答案是只能实施最小特权。为此，需要使用基于规则的 PAM 技术，在不给用户提权的情况下给应用程序提权。通过消除最终用户的台式机管理员特权，并实施应用程序控制，可让应用程序在运行时有必要的特权，同时不影响用户，也不授予他们过大的特权（以免带来负面影响）。

为了帮助完成这个步骤，请考虑台式机最小特权管理的如下 10 个需求。

- 默认为所有用户授予标准用户权限，同时在不要求提供管理凭证的情况下给特定的应用程序和任务提权。

- 根据由规则分配的特权来决定是否允许安装软件、使用软件以及修改 OS 配置。

- 避免用户为执行合适的管理任务而需要两个账户。

- 根据应用程序的漏洞、风险、声誉和合规性配置文件，动态地做出与应用程序相关的最小特权决策。

- 根据基于资产或用户的策略自动匹配应用程序和规则。

- 报告所有用户对文件系统的特权访问，记录特权会话期间对系统所做的更改以防恶意篡改。

- 在特权访问期间进行会话监控和击键记录，以确定本地用户使用特权的方式是否恰当。

- 提供必要时可以使用域特权或本地特权的技术，包括（必须向远程目录存储进行认证的应用程序的多因子认证）。

- 集成其他特权解决方案，确保密码管理和远程访问方法的统一。

- 在整个特权管理环境中使用统一的数据仓库和数据分析，确保不管用户特权活动发生在什么地方，报告都是准确的。

25.3　第 3 步：在服务器中实施最小特权

在当今的信息技术环境中，对威胁行动者来说，业务关键的一级应用程序是很有吸引力的目标。它们包含黑客想攻陷的敏感数据和应用程序，但直接攻击最敏感的资源很难得逞。然而，通过其他资源获得用户凭证后，可通过特权攻击向量和横向移动来访问这些敏感系统。用户要完成其工作，拥有 root 密码、超级用户状态或其他特权很重要，但这也带来了巨大的安全风险——有意、无意或间接地滥用这些特权凭证。在这些凭证被共享或密码较弱，使得很容易获得一级系统的访问权时尤其如此。对服务器操作系统（从 Windows 到 UNIX 和 Linux）来说，特权攻击向量带来的影响更为明显，原因如下。

- 基于角色的访问控制（如原生 OS 选项）不全面且效率低下，无法在不暴露密码的情况下委托权限。

- 默认工具（如开源 sudo 或本地管理员账户）不够安全，无法满足风险缓解需求和合规性需求，同时无法记录会话和击键，为审计提供必要的信息。

- 默认情况下，操作系统不能限制脚本和第三方应用程序的活动，这给未经批准的应用程序提供了可乘之机。

● 开源解决方案和原生工具没有提供避免使用 sudo 和共享账户（如果它们在组织中被广泛使用的话）的有效途径。

那么，IT 组织如何在不影响工作效率的情况下限制对 root 账户的使用呢？这又回到了如何降低观察者效应的问题上了。

组织必须能够在不暴露 root 账户、本地管理员账户、域管理员账户和其他账户的密码（以及凭证）的情况下，有效地委托服务器特权。通过记录所有的特权会话以提供审计所需的信息（包括击键信息），可在不依赖于存在缺陷的原生工具的情况下，满足特权访问监控需求。

下面是服务器特权管理方面的十大需求。

● 符合行业标准的认证解决方案，包括 OAuth、SAML 和其他多因子解决方案。

● 在系统级别对命令进行高级控制和审计，即使命令在脚本中被混淆或重命名。

● 灵活的策略语言和规则，它们让你能够避开使用原生工具，转而使用其他特性来管理所有的业务需求。

● 全面支持大量的 Windows、UNIX 和 Linux 平台。

● 记录所有的会话，并建立索引以便能够在审计期间快速查找会话。

● 透明地委托特权，以在满足合规性需求的同时避免降低用户的工作效率。

● 对所有的设置和策略配置实施变更管理，以便能够就谁修改了什么进行审计、实施版本控制以及回滚既有的配置文件。

● 简化第三方产品集成的 REST API。

● 提供高可用性和无缝灾难恢复的架构。

● 利用集成的数据仓库实现对所有受管系统的集中报告和分析。

按上面的要求做后，就可全面控制对所有服务器操作系统的 root 访问和管理员访问，并满足所有业务需求及特权访问方面的合规性要求。

25.4　第 4 步：应用程序声誉

应用程序白名单、黑名单和灰名单都是应用程序控制的范畴，也是应用程序声誉服务的一部分。对共享凭证进行管理，并让用户拥有完成其工作所需的特权后，组织便可加深对风险的了解，帮助做出更明智的提权决策。安全负责人需要从企业的实际情况出发，对漏洞、攻击、恶意软件和应用程序风险信息进行审视，但大多数风险评估解决方案在这方面都不能提供什么帮助。面对浩如烟海的僵硬数据和静态报告，安全团队只能靠人工来识别真正的威胁，进而决定在用户执行应用程序时如何应对这些威胁。

因此，在这一步，应考虑扩大应用程序管理的范围，将应用程序声誉服务和应用程序控制服务纳入其中。实现这些功能后，可根据如下因素来自动判断应用程序是否过于危险，而不能执行。

- 应用程序的源位置，即它是从可信任的共享中加载的，还是从互联网下载的，或是才从文件系统的某个安全位置复制的。

- 实际威胁（根据脆弱或已被利用的版本的散列值确定）。

- 未正确地进行数字签名或进行数字签名时使用的是盗取的证书。

- 过期的版本或缺失安全补丁。

- 软件未许可给组织使用，因此阻止影子 IT。

信息技术和安全团队应根据上述标准采取相应的特权访问管理策略来降低风险。换言之，应对应用程序带来的威胁进行评估，并决定要采取的应对措施。

- 禁止执行。

- 自动限制授予应用程序的特权（如禁止创建子进程或禁止访问文件系统）。

- 记录事件并发出警报，包括根据应用程序和风险情况自动打开一个支持工单。

这不仅可阻止漏洞利用程序成为特权攻击向量，还可阻止急驰而来的社会威胁（它们可能利用环境中的漏洞，直到你采取了缓解或修复措施）。

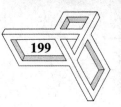

25.5　第 5 步: 远程访问

前面讨论过, 几乎所有的攻击都涉及某种形式的远程资源访问, 只有内部人直接从系统终端发起的攻击例外。另外, 大部分攻击都来自外部, 涉及的威胁行动者可能是专门针对你的组织的, 这包括远程承包商、供应商和远程办公人员。远程访问 (尤其是使用特权账户的远程访问) 提供了一个可穿过传统周边防御的入口, 威胁行动者可利用这个入口来实施恶意行为。有鉴于此, 特权访问管理解决方案应采取如下措施对远程访问会话进行管理。

- 自动将授权的凭证注入会话, 以防将其暴露给用户。

- 在不需要使用专用客户端、特殊应用程序或协议隧道的情况下, 提供到组织或云的连接。

- 支持全面的特权监控, 以确定会话是否是合适的。

- 实施采用即时访问的工作流程, 并提供用于授予合适特权的工单解决方案。

- 集成目录存储、SIEM 等第三方服务, 在环境中提供可见性和认证功能。

- 以堡垒主机的方式提供连接性, 避免使用 VPN 解决方案和昂贵的 VDI 部署。

- 支持包括 RDP、SSH、VNC 和 HTTP(s)在内的所有主流远程访问协议, 支持代理 (agent) 技术, 确保从任何设备发起的远程访问连接都是安全的。

如果说第 1 步~第 4 步旨在找出特权账户并对终端及其中的应用程序进行管理, 那么合乎逻辑的下一步就是控制谁可以远程访问它们以及有什么样的特权。先确保目标的安全, 再可控制谁可以访问它, 这样的顺序合乎逻辑, 在需要从组织外部发起通信时尤其如此。

25.6　第 6 步: 网络设备和 IoT

在企业的网络设备和 IoT 设备中, 最常见的用户名和密码并不一定是设备自

带的。大多数管理员都会修改密码，但最终选择的密码可能也很容易猜到。根据 Forbes 于 2019 年发布的报告，下面是十大最容易破解的密码（其中的 m 表示百万）。

- 123456（23.2m）。

- 123456789（7.7m）。

- qwerty（3.8m）。

- password（3.6m）。

- 1111111（3.1m）。

- 12345678（2.9m）。

- abc123（2.8m）。

- 1234567（2.5m）。

- password1（2.4m）

- 12345（2.3m）。

括号内的数字是被破解的次数。这些数字基于的不是网络设备，而是企业环境中的所有设备。这里必须指出的是，由于一个环境中受管的网络设备和 IoT 可能数以百计乃至数以千计，如果不使用密码管理解决方案，给每台设备设置不同的复杂密码并安全地存储它们将是异常噩梦。因此，为方便管理，管理员常常选择一个简单、常见且易于猜到的密码，并在每台设备中都使用它。不幸的是，威胁行动者可轻松地猜出或暴力破解这样的密码，进而获得设备的访问权。另外，正如本书前面讨论过的，第二常见的特权缺陷是在整个基础设施中使用相同的密码，且很少对这些密码进行修改（即便管理工作被外包或有员工离职时也这样）。这些疏忽及图方便的做法向各种恶意活动敞开了大门，包括最近发现的一些漏洞，它们可被用来将设备的引导加载程序替换为恶意软件。

下面列出了未对网络设备和 IoT 设备中的特权账户进行管理将带来的一些重要风险。

- 直接使用默认密码或配置常见的密码。

- 为方便管理在多台设备之间共享凭证。

- 因害怕修改或缺乏管理功能导致密码年龄过长。

- 使用破解的账户或内部人账户修改配置，使得可将数据偷运出去。

- 设备和基础设施被外包，人员、合约和工具的变更导致凭证被暴露给不相关的人员。

- 供应商提供专业服务时设置了密码，但合约完成后未对密码进行修改。

上述任何一种情形都可能给基础设施带来巨大的风险。因此，进行 PAM 规划时，组织不仅要考虑台式机和服务器，还需考虑网络设备和 IoT 设备。另外，通过使用较新的特权访问管理解决方案，组织可超越众多网络设备常用的非黑即白授权模型（要么允许访问，要么禁止访问）。这意味着组织可使用代理网关来实施命令黑名单和白名单、会话监控、活动报警以及对 root 访问进行控制和限制。

最后，新一代分布式拒绝访问攻击（通常利用 IoT）已经出现，这对所有组织来说都是巨大的风险。在 IoT 设备中，最大的漏洞是使用硬编码的默认弱密码。即便管理员修改了默认密码，依然可以通过暴力攻击猜出大多数凭证。虽然正如 CCPA 等较新的法规有意限制这种做法，但以前部署的设备数以百万计，它们很容易遭受这些攻击。因此，推荐对所有这些设备进行管理，确保每台设备都使用不同的复杂密码，并将这些密码存储在 PAM 解决方案中，同时妥善地管理会话（远程访问）活动。

25.7　第 7 步：虚拟化和云数据

随着虚拟化数据中心和云环境越来越多地用于处理和存储数据、开发和托管应用程序，组织向威胁行动者打开了一些新大门，让他们能够访问敏感数据并中断业务。组织必须确保这些环境的访问安全，同时兑现承诺：将应用程序和服务托管到云端可降低开销，提高效率。

与传统的台式机和服务器一样，未知或不受管的虚拟环境和云环境可能带来重大的安全缺口，让网络面临安全威胁、数据丢失、知识产权盗窃和合规性问题。要控制这些资产，首先需要像第 1 步说的那样找出它们。找出虚拟环境和云环境中资产的方法有多种，其中包括下面这些。

- 在能够直接访问虚拟环境的主机中执行标准的网络发现或扫描。这应支持使用 IPv4 和 IPv6 指纹识别的发现。

- 向虚拟机管理器（Hypervisor）或云管理平台查询，以获取包括容器在内的虚拟资产清单，或者通过配置使得虚拟资产清单在更新时主动发出通知。

- 使用代理（agent），它们可能是在基本镜像库中预先安装的，也可能是在正常的服务器开通过程中安装的。

- 向第三方资产管理解决方案查询，它可提供有关环境中有哪些资产正在运行的权威记录。

找出云实例和虚拟实例后，必须对其进行管理以限制暴露。从特权访问管理的角度看，确保这些资产安全的方法与确保传统台式机和服务器安全的方法类似，但也有其他一些独有的特征。

- 使用密码管理解决方案来管理所有虚拟机、容器和部署的管理接口中的密码。

- 使用具有特权会话监控功能的远程访问解决方案来控制和监控对虚拟机与应用程序专用控制台的访问。

- 使用 Hypervisor 的原生委托功能来减少与系统交互的用户的特权。这还可包括零信任。

- 使用采用最小特权架构的特权管理代理（agent）来减少管理员账户、root 账户和特权开发人员账户的暴露。关联到 DevOps 时，这一点尤其重要。

- 集成云原生 API 或虚拟化 API，以便对可与托管的服务进行交互的账户和身份进行管理。

- 对于非 Windows 虚拟化系统，考虑使用目录桥接技术，在单个平台无关的目录存储（如 LDAP 或活动目录）中集成存储凭证和集中进行认证。

将资源置于控制之下后，对于 Hypervisor 和云管理平台，该如何处理呢？同样，在这个管理层级中，不恰当或恶意的行为可能会给企业带来毁灭性的影响。这包括 VMware、Microsoft Hyper-V、Amazon AWS 和 Microsoft Azure 环境的管理员。同样，为了应对这种威胁，组织也有多个选项。

- 使用特权密码管理解决方案来自动管理所有 Hypervisor 和云管理平台中的密码。这包括云专用管理平台、API 密钥等。

- 使用远程访问和特权会话监控解决方案对所有基于用户的云管理活动进行控制和监控。

- 使用 Hypervisor 和云管理提供商的原生委托功能（或第三方委托功能）来减少与系统交互的用户的特权。

对任何打算开启 PAM 之旅并想降低成本、缩短服务上市时间的组织来说，云资源和虚拟资源都至关重要。在这些环境中，特权攻击向量带来的风险无疑更大，因此必须将特权攻击向量管理纳入到标准运营规程中。

25.8 第 8 步：DevOps 和 SecDevOps

如果你是商业应用程序开发人员或创建自动化 DevOps 流程的程序员，请想想，如果不用输入凭证就能启动自动化流程，或者不用在脚本中以硬编码的方式指定密码就能执行任务，将有多大的好处。如果 DevOps 工具能够自动检索当前凭证或自动向管理解决方案查询以证明授权（零信任），将可缓解基于自动化的特权攻击向量带来的所有风险。用于服务、远程访问和基础设施的管理工具将自动识别已登录的用户或将流程自动化（以及执行自动化流程的资产，它们是上下文感知的），并无缝地请求和传递执行指定功能所需的凭证。支持密码管理和密码存储的特权访问管理解决方案使用应用程序编程接口（API）来设置、检索和处理凭证与密码请求，让这一点变成了现实。下面是这种 DevOps 方法带来的一些好处。

- **确保应用程序安全**：对于需要自动输入凭证以执行正常操作的应用程序，特权访问管理 API 可提高它们的安全性。开发人员可调用 PAM API 来检索用户、应用程序、基础设施、云解决方案或数据库的最新凭证，以便进行认证，然后自动执行任务，并在任务执行完毕后释放凭证。这可以触发自动化的密码随机轮换或其他自动化流程，以满足业务需求。开发人员和 IT 人员看不到（也不知道）用于执行给定 DevOps 任务的凭证，这些凭证也不会被硬编码到应用程序中。

- **缓解特权攻击向量带来的风险**：使用 PAM API 可确保应用程序的安全，并防范哈希传递等在内存中查找永久性特权凭证的破解技术。与单点登录（SSO）相比，这种方法要安全得多，即便密码在多个 DevOps 流程之间共享，原因是它会针对每个任务、应用程序或会话不断地轮换密码。

- **简化开发人员的工作**：这种方法提高了开发人员和 IT 人员的敏捷性与响应速度，因为他们无须为建立连接、自动化和执行 DevOps 任务而输入凭证。只需一个简单的 API 调用就可确保使用的凭证始终是正确的。

25.9　第 9 步：特权账户与其他工具的集成

25.9.1　第三方集成

特权、漏洞和攻击信息让 IT 与安全专业人员不堪重负，这不是什么秘密。不幸的是，高级持续性威胁（APT）常常成为漏网之鱼，因为传统的安全分析解决方案无法将形形色色的数据关联起来，进而发现隐藏的风险。看似孤立的事件被忽视、过滤掉或被海量数据掩盖。威胁行动者得以继续在网络中自由穿行，带来的破坏继续呈几何级数增大。安全和 IT 运营团队如何搞明白威胁来自何方、确定威胁的轻重缓急并快速缓解风险呢？

通过整合特权账户数据和其他安全信息源，团队可识别仅靠单个安全信息源无法识别的潜在安全事故。通过整合特权账户数据和其他解决方案，并结合使用基本的关联、分析、机器学习和人工智能技术，可将低级特权和来自各种第三方解决方案的威胁数据关联起来，从而发现高风险用户和资产。

特权账户信息只是特权管理数据的来源之一，因此所有 PAM 解决方案都应支持下面 10 种集成方法。

- 将各种第三方解决方案提供的低级数据关联到 PAM 未发现的重要威胁，也可使用经过认证的第三方关联器（connector）。

- 将系统活动关联到应用程序风险数据和已知的恶意软件。

- 提供有关合规性、基准、威胁分析、假设情景分析（what-if scenarios）和资源需求方面的报告。

- 基于集成的基于角色的访问，从多个角度对历史数据进行查看、排序和过滤。

- 集成 SIEM 解决方案，并支持 Syslog 和 SNMP 等常见协议。

- 对 IP、DNS、OS、MAC 地址、用户、账户、密码年龄、端口、服务、软件、进程、硬件和事件日志进行分析，准确地判断资产或应用程序的风险。

- 根据 IP 范围、命名约定、OS、域、应用程序、业务职能和活动目录对资产进行分组和评估，并生成有关它们的报告。

- 从活动目录、LDAP、IMA 导出权限或设置自定义权限，以提供高效的账户集成。

- 支持多工作流程、工单系统和通知，以便与 IT 和安全团队协调。

- 提供对所有收集的特权账户信息进行归档和审计的功能，以方便建模、威胁狩猎和取证。

通过整合特权访问管理和其他 IT 管理解决方案，将有一个统一的上下文镜头，IT 和安全团队可通过它按活动、资产、用户、特权来观察和消除用户、资产风险。

25.9.2　目录桥接

作为一个重要的特权账户集成，请再次考虑一下第 3 步。在对服务器环境中的特权访问有更大的控制权后，合乎逻辑的下一步是将这些系统置于一致的管理、策略和单点登录下。传统上，Unix、Linux 和 Mac 是作为独立系统进行管理的，每个系统都有一个筒仓（silo），其中包含该系统的用户、组、访问控制策略、配置文件以及需要记住的密码。在包含这些筒仓以及 Windows 系统或云的环境中，IT 管理方式不一致，最终用户管理也很复杂，同时存在大量的别名账户。这些威胁是威胁行动者熟悉的，也是他们感兴趣的。

那么，IT 组织如何实现策略配置的统一，以简化用户和管理员体验，降低系统管理不善带来的风险呢？

理想的解决方案是，使用单点登录功能来扩展 Microsoft 活动目录等目录存储，为 UNIX、Linux 和 macOS 环境提供集中认证。通过使用目录桥并将组策略（Group Policy）扩展到这些非 Windows 系统，可在 IT 环境中集中管理账户配置，避免本地别名账户泛滥。

所有桥接解决方案都必须满足如下四大需求。

- 无须修改目录存储方案就可将 Linux、UNIX 或 macOS 系统添加到网络中，这提供了稳定性，避免随技术的发展而变化。

- 在 Linux 或 macOS 中，使用类似于 Microsoft 管理控制台的界面（如活动目录用户和计算机，ADUC）来提供可插拔框架，并全面支持 Apple 应用程序 Workgroup Manager，让管理员能够使用他们熟悉的工具进行无缝管理（低摩擦）。

- 对于支持 Kerberos 或 LDAP 的企业应用程序，都可实现单点登录。

- 允许用户使用活动目录凭证来访问 UNIX、Linux 和 macOS，这样就可以将各种密码文件、NIS 和 LDAP 仓库合并到活动目录中，从而避免分别管理用户账户。

这些概念简化了非 Windows 系统中的配置和策略管理，减少了用户需要记住的凭证数量，从而改善了用户体验。账户数量越少，审计期间需要为每个身份做的关联工作越少，留给威胁行动者的风险面也越小。

25.10 第 10 步：身份与访问管理集成

身份与访问管理（IAM）在组织的身份治理策略中扮演着至关重要的角色。随着组织规模的扩大，使用的应用程序、服务器和数据库也将增多。对组织资源的访问通常是通过 IAM 解决方案进行管理的，这些解决方案提供了单点登录、账户开通、基于角色的用户管理、访问控制和治理等功能。但为了确保组织的敏感数据和应用程序的安全，还需部署其他解决方案。开通账户后，如果不对使用它执行的活动进行妥善的监控和记录，都将让组织暴露在风险中，而不管账户的特权如何。身份与访问管理解决方案可帮助 IT 团队回答如下问题：谁可以访问什么？但要实现完全的用户可见性，特权访问管理解决方案必须回答如下问题：这样的访问权合适吗？这种使用访问权的方式合适吗？也就是说，PAM 解决方案应提供更高的可见性，并加强对特权账户访问和使用的审计。在很多情况下，IAM 解决方案会将用户添加到系统或应用程序组中，但不提供有关特权会话期间收集的会话活动和击键的详细信息。因此，PAM 扩展了 IAM 解决方案的可见性，进一步加强了安全和审计控制。图 25-3 所示为这种集成。

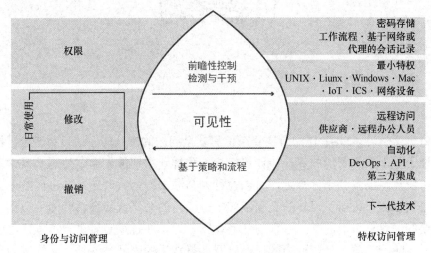

图 25-3　IAM 和 PAM 集成

随着组织在 PAM 的旅程中越走越远，它们将对如下方面有更深入的认识：身份被用作攻击向量的方式；在帮助组织防范基于身份和账户的攻击向量方面，为何 PAM 和 IAM 集成提供了最好的保护。

第 26 章

机器学习

将机器学习（ML）作为解决复杂信息安全问题的工具的做法日益普及。机器学习使用基于人工智能的算法让计算机像人那样获得智能。通过使用机器学习，机器可反复与场景和事件交互，将当前行为与未来行为关联起来，进而对未来的行为进行预测。机器学习算法无须依赖于已确定的关系或特征，就能从数据中提取重要的信息。机器的学习过程与任何动物一样，通过重复可进一步强化已确定的关系。随着计算机处理能力的提高以及计算费用的降低，这种方法的威力日益强大，能够收集、消化和分析海量的数据与事件。从这种意义上说，机器学习的学习能力已经超过了人类，因为对人脑来说，根本不可能以如此快的速度分析如此多的数据。

机器学习是从人工智能（AI）衍生而来的，但请不要将其与 AI 混为一谈，因为 AI 是一种技术或理论。最准确的说法是，机器学习是一系列能够学习和做出假设的固定算法，而真正的 AI 更进一步，它可以开发新的数据分析算法，就像人在没有参照系的情况下学习完成新任务。因此，人工智能类似于对习得的信息进行解读，以得出结论或做出决策，而机器学习要有效地发挥作用，必须知道要处理的数据范围。由于这种关系，很多机器学习的实现要么是人工智能应用程序的一部分，要么等到对项目的范围有全面认识后，催生出相应的人工智能应用程序。

26.1　机器学习与信息安全

由于现代信息网络生成的数据量非常大，在人类对安全事件进行分析以找出攻陷迹象时，机器学习可提供有益的补充。机器学习的这种价值是不言而喻的，因为人类无力对原始安全事件数据进行解读，在这样的数据非常多时，即便是高级安全工具也很容易被压垮。机器学习可为安全分析提供帮助，它能够检测到发生的攻击，对网络流量进行评估，对漏洞和风险进行评定，将信息与特权访问关联起来。在资源瞬息万变并使用诸如特权管理安全策略之类的细微规则来判断事件是不是恶意的时，这很有用。可使用机器学习来评估威胁，并根据评估结果创建和维护威胁数据库。对于这个数据库，可使用其他外部数据源进行补充，但即便不这样做，它也是一个有意义的评估工具，可用于确定哪些威胁行动者可能给组织带来影响以及影响几何。机器学习很有用，因为它可确定初步的相关关系，再通过不断地学习和分析增强或减弱这些关系。另外，它还可给威胁加上上下文和属性，从而提供更细致的威胁画像，进而帮助降低误报率和漏报率。

26.2 人的因素

安全分析人员的准确性也是在不断变化的，与即将下班时相比，刚上班时的分析通常更准确。这种问题在打破玻璃场景或危机情形下更加明显。这种激动时刻导致人鼠目寸光、感觉迟钝，降低信息解读能力，进而得出错误的结论。重复性工作常常是安全分析有效性的大敌，机器学习可极大地降低为做出决策而需要反复审核事件、日志和警报导致的倦怠。刚开始实施机器学习时，可让分析人员充当机器学习决策的验证器，然后增加机器学习的能力，让它在受控的环境中以无监督的方式运行。这可以将安全分析人员解放出来，将精力放在更复杂的任务上，同时充当决策的最终仲裁者。时机成熟后，可依靠机器学习来处理所有的安全事件，但这样做后，还需继续定期地进行验证，以确认这种方法依然有效且不容易出错。衡量特权风险时，人在监督机器学习的实施方面扮演着至关重要的角色。

26.3 攻击向量

机器学习还被安全组织用来快速地找出并应对恶意攻击。机器学习能够快速地处理事件，因此能够识别"小火慢炖"（low and slow）型攻击，而普通的 SIEM 解决方案基于时间来建立关联，因此可能无法发现这种攻击。在繁忙的安全和网络设备中，异常事件很容易被白色噪音掩盖，而这些事件实际上可能是攻陷的迹象。同样，威胁行动者采取的横向移动行为也可能被大量的网络流量所掩盖，因此机器学习方法将建立网络流量基准，让异常情况从模糊变得明显。建立基准的做法使得机器学习方法能够适应不同公司的网络，且随着时间的推移变得更准确，更有针对性。对特权访问管理来说，机器学习很有用，可帮助根据这些特征判断用户的行为是否是恶意的。

另外，在分析终端资产及其相关联的行为方面，机器学习也是很有用的工具。随着越来越多的公司使用自带设备（BYOD，这在第 16 章介绍过），通过使用机器学习，可对来自非公司设备的流量和事件进行统一分析，还可开发统一的威胁管理系统（即便终端设备种类繁多也无妨）。由于终端安全和管理特权的管理是特权访问管理固有的一部分，因此机器学习很有用，因为它能够根据以前的工作记录判断用户的行为是否妥当，还可评估当前行为是否在策略允许的范围内。只要违反了上面任何一点，就可将访问隔离，或通过进一步取证判断用户的行为是否绝对是不合适的。

然而，很多组织过度依赖于漏洞和基于特征（signature-based）的工具，这些工具能够找出环境中的已知威胁，但无法在可接受的时间内检测出零日威胁和新威胁。前面介绍的机器学习的功能很有用，因为它们让你能够发现新威胁并采取措施，而这些威胁可能过很久后才会出现在商用安全产品中。这些功能还有助于发现远程办公人员面临的威胁以及运营技术环境中的威胁。运营技术环境大多是不安全的，或者被认为不值得为确保其安全而投资购买标准化安全工具。考虑到这些不安全的网络正逐渐成为现代威胁行动者喜欢的目标，同时员工的工作地点正在发生变化，有必要采用现代解决方案来缓解风险。

26.4　机器学习的好处

在身份和特权管理方面，机器学习提供了有益的补充，但它只是工具箱中的工具之一，而非灵丹妙药。安全分析和审计是什么都无法替代的。另外，必须准备好取证信息，以便需要深入挖掘或寻找敌人时使用。实施机器学习工具时，必须对其有深入了解，而不能将其作为黑盒使用。与系统中的其他工具一样，对于机器学习工具，也需对其进行调优，以便能够与生态系统中的其他解决方案协同工作。在机器学习工具报告的事件中，有多少是真的，多少是假的呢？还有随着时间的推移，准确性有何变化呢？对此，必须始终予以关注。随着这种技术的使用时间越来越长，它报告的事件应该越来越少，因为它越来越能够发现并缓解威胁了。可以肯定，机器学习和人工智能方法将不断发展进化，因为这个领域在不断变化，同时需要对不受公司控制的资源进行保护。

第27章

结语

作为攻击向量的特权是威胁行动者最容易得手的目标。无论是什么环境，设计并确保其安全的工作都比较复杂，但下面的 20 条建议可帮助组织实现目标，并最大限度地降低企业面临的风险。

- **使用标准用户账户**：要求所有用户都有一个标准用户账户。各个平台的管理员应使用标准账户登录，使用邮件或银行应用程序等服务时，绝不使用管理账户登录。仅当需要执行管理任务时，才使用管理账户登录。对于使用管理账户登录后执行的所有活动，都应使用 PAM 进行端到端的控制和保护。

- **绝不共享凭证**：无论是在同事还是供应商之间共享凭证和密码，都会增加密码被滥用以及被泄露给威胁行动者的风险。另外，这还会导致将活动关联到特定用户变得困难甚至不可能。

- **绝不重用密码**：一项资源被攻陷后，使用相同密码的所有资源都将处于危险之中，即便账户或用户名不同。

- **绝不以明文方式存储密码**：密码应该保密，因此不管以什么方式存储，都不能是一览无余的。

- **确保密码的安全**：如果需要记录密码，应根据业务需求，将其放在加密的文件中、安全的文件系统中或锁在保险柜中。

- **最大限度地减少别名**：为了将活动关联到特定的用户，确保身份可跟踪且难以破解至关重要。

- **最大限度地减少管理账户**：特权用户及其关联的账户越少，特权风险面就越小，因此特权活动监控和审计的工作量也越少。

- **频繁地轮换特权密码**：特权密码应定期轮换，并在每次使用它执行特权活动后也进行轮换。这可避免过期、被用来发起密码重用攻击，以及降低随时间的推移而被泄露的可能性。

- **确保密码是复杂的**：特权密码不能是人很容易记住的。复杂的密码不能是单词或短语，这有助于避免它们易于抄录或转述。每个密码都应该是复杂的，但有些密码应该比其他密码更复杂，从而消除与人相关的风险因素。这包括使用外语字母来提高复杂度。

- **要求多因子认证**：访问内部系统、应用程序和敏感数据时，要求进行多因子认证。虽然实施静态的多因子认证很不错，但过于严格可能令用户沮丧。可根据与环境或活动相关联的风险，寻找可以限制访问的解决方案。例如，如果有人在下班时间试图启动敏感的应用程序，或试图在缺失重要补丁的服务器上执行敏感命令，应考虑加强安全措施，要求以多因子方式再次认证，以核实用户确实是他宣称的那个人。

- **实现应用程序声誉控制（白名单、黑名单和灰名单）**：通过实施策略，允许行为良好的应用程序启动，并禁止离经叛道的应用程序启动或将其活动写入日志。如果可能，对于存在已知的严重安全漏洞的最终用户应用程序，对其启动进行限制。

- **实施最小特权原则**：如果用户不需要访问系统、应用程序、资源或数据，则撤销其相关的特权。在台式机中，撤销所有用户的管理权限；在服务器中，只允许管理员执行特定的任务。

- **自动化密码管理**：对管理密码请求和特权会话启动进行控制和审计。要求每个特权系统和账户的密码都不同。

- **消除嵌入的密码**：删除应用程序、服务账户和支持 DevOps 的自动化工具中的硬编码密码。考虑实施即时访问等概念，确保仅在合适的情况下才允许使用凭证进行访问。

- **使用基于上下文的自适应访问控制**：在有些情况下，用户为完成其工作需要相应的访问权。对于这样的访问，需要进行控制、监控和验证。根据静态因素（如时间或子网）来限制访问很不错，但根据风险（如该访问是否有相关的工单、请求是否与正常的访问模式相符、最近是否收到来自威胁检测层的警报等）动态地限制访问可提供更好的保护。

- **监控所有敏感的特权会话活动（尤其是与重要数据相关的活动）：** 对于任何与重要数据相关的活动，都应进行会话记录、击键记录和监控，以发现不恰当的活动。如果可能，应自动化初始会话审核，以便能够迅速发现潜在的威胁。

- **搞明白审计和合规性方面的义务：** IT 和安全专业人员采取各种措施来确保企业的安全，但不应只是为了合规而这样做。如果能够准确地认识合规性需求的性质，以及满足这些需求的最佳方式，就可让所有人都更安全，并最终让审计人员满意（如果有审计的话）。别忘了，只是合规并不能确保安全，但能够确保安全通常是合规的。

- **实施威胁和高级行为监控：** 实施特权访问安全事件监控和高级威胁检测（包括用户行为监控），更准确、更快速地发现使用攻陷的账户执行的活动以及内部人员特权的误用和滥用。

- **将网络分段：** 将资产（包括应用程序和资源服务器）划分到不同的彼此不信任的逻辑单元中。通过将网络分段，可减少攻击者直接访问内部系统的机会。对于需要跨信任区的访问，需要使用具有多因子认证、自适应访问授权和特权会话监控等功能的跳板服务器。在可能的情况下，不采用标准网络分段方式，而是根据用户和特权的上下文以及访问的资源、应用程序和数据进行分段。这被称为微分段。如果可能，考虑在网段认证中实施零信任模型。

- **如果找不到乐趣，就另谋高就：** 如果安全专业人员不开心，就不可能把工作做好。在这种情况下，前面所说的各方面都可能处于危险之中，企业也不会安全。安全专业人员需要能够开心地工作，对环境满意并时不时地面临挑战。安全状况在不断变化，永远没有让人满意的时候，如果安全专业人员不开心，就会让最新的威胁从你眼皮底下溜走。威胁行动者可不关心你开不开心，他们要的是你的管理账户。

27.1　最后的思考

身为致力于特权访问管理专业团队的一员，我经常参与一些研究活动。这些研究活动旨在应对现实世界中的挑战，参与者有客户、客户咨询委员会、同行和行业分析师等。

时间来到了新世纪的第二个 10 年，这是一个新时代，全球都面临特权访问管理和新的环境安全问题。分布式计算日益普及，特权账户的数量呈爆炸式增长，它们被用来管理从台式机到云在内的各种资源。当前，严重的网络安全事故大都涉及管理不善的特权，它们被威胁行动者用来渗透环境，在网络中横向移动。特权账户数量成倍地增长，远程办公人员数量因最近的新冠疫情事件呈爆炸性增长，这些因素导致风险面快速增大。随之而来的问题是，面对无处不在的特权以及数量庞大的在家办公人员，如何保护组织呢？

正如前面讨论的，以前那种只是将密码存储在密码保险箱中的 PAM 方法远远解决不了问题。现代的 PAM 方法可确保整个企业中所有用户会话和特权活动的安全。这种全面的 PAM 实践被称为通用特权管理（Universal Privilege Management）。

通用特权管理模型涵盖了特权管理的方方面面，从密码管理到最小特权管理，再到安全的远程访问。要妥善地解决特权攻击向量问题，必须采用这种全面的方法，并实现 PAM 的三个重要方面——特权密码管理、终端特权管理和安全的远程访问。

威胁发生了变化，但凭借当今出色的 PAM 技术和相关的专门技能，足以完成风险缓解任务。但愿本书帮助你掌握了这些专门技能，并祝愿你在特权访问管理之旅中取得成功。请确保密码安全而健康，同时绝不要共享或重用它们。